ALEXANDER MEYEROVICH

Woher kommt Metall?

Und wie wird es verarbeitet?

Illustrationen:

Alexandra Gontscharowa

Herstellung und Verlag: BoD – Books on
Demand, Norderstedt
ISBN 978-3-7557-1640-2

Über den Autor

Dr. Alexander Meyerovich, Jahrgang 1953, studierte anorganische Chemie und Hydrometallurgie der Buntmetalle an der Moskauer Staatlichen Universität für Stahl und Legierungen – MISiS (Nationale Universität Wissenschaft und Technologie MISiS in Moskau) und promovierte dort auf dem Gebiet der Hydrometallurgie der Edelmetalle.

Über 15 Jahre hatte er führende Positionen im Bereich Forschung und Entwicklung bei Internationalen Unternehmen in der Schweiz und Deutschland.

Die Ergebnisse seiner Arbeiten finden sich in mehr als 100 wissenschaftlichen Veröffentlichungen in den Büchern, Fachzeitschriften und 22 europäischen und internationalen Patenten. Er ist Autor erfolgreicher populärwissenschaftlicher Artikel und Bücher.

Inhaltsverzeichnis

Vorwort

Die Geschichte der Metalle ist sehr eng mit der gesamten Geschichte der Menschheit verbunden. Von der vordynastischen Zeit des Alten Ägyptens bis zum heutigen Tag war sie im Grunde genommen ein unverrückbarer Teil der Beschäftigung des Menschen. Wenn man über die früheren Etappen der Metallurgie spricht, kann man keine konkreten Schöpfer, keine präzisen Daten der Erfindungen nennen. In verschiedenen Regionen unseres Planeten wiederholten sie sich vielmals, man vergaß sie, bis sie wieder einen Weg in die alltägliche Praxis der Menschen fanden. Da es keine oder fast keine historischen literarischen Zeugen von antiker Zeit gibt, sagen die Metallartefakte oft vielmehr, als die anderen Zeitgenossen dieser Epoche erzählen können.

Was ist ein Metall?

Während wir aufwachsen, ist die Welt um uns herum interessant und vielfältig. Die kleinen Kinder beginnen sehr früh zu verstehen, dass ihre Spielzeuge aus unterschiedlichen Materialien hergestellt werden. Plastik, Holz und Metalle unterscheiden sich in der Form, dem Gewicht, Temperatur und Festigkeit. Alle Stoffe in der Natur bestehen aus chemischen Elementen. Sie können mit den Elementen des technischen Baukastens LEGO verglichen werden, aus die verschiedenen Gegenstände gebaut und modelliert werden können – egal, ob ein Haus oder ein Auto. Auch der Mensch und alle lebendigen Organismen auf unserem Planeten bestehen auch aus chemischen Elementen. Die chemische Elemente teilen sich auf in zwei große Gruppen: Metalle und Nichtmetalle. Heute reden wir über Metalle, deren Entdeckung und Verwendung eine der wichtigsten Errungenschaften der Menschheit ist. Metalle sind so fest in unserem Leben integriert, dass man sich ohne diese das Leben nicht vorstellen kann. Wie kann man heute z.B. ohne Besteck, Autos, Handys und Fernsehgeräte leben? Vor fast 300 Jahren wurde das Buch vom berühmten russischen Wissenschaftler M.V. Lomonossow mit dem Titel „Schriften zur Geologie und zum Berg- und Hüttenwesen" veröffentlicht. In diesem Buch definierte Lomonossow die Metalle als: „Metall ist ein heller Körper, welchen man schmieden kann." Was ist denn eigentlich ein Metall?

Gemäß der allgemeinen Definition sind Metalle die einfachsten chemischen Elemente, einfachste Stoffe. Mit anderen Worten, sie sind Stoffe, aus welchen man keine andere gewinnen kann. Metalle (ihre Anzahl beträgt mehr als 90) bilden die größte Gruppe von chemischen Elementen, welche der modernen Wissenschaft bekannt sind.

Was haben Metalle gemeinsam?

Metalle unterscheiden sich von anderen Werkstoffgruppen (z. B. Keramik, Polymere etc.) durch ihre typischen Eigenschaften wie:

8

- Festigkeit und Duktilität (Fähigkeit zur Aufnahme plastischer Verformungen);

- elektrische und thermische Leitfähigkeit;

- Reaktionsfähigkeit mit Sauerstoff, Säuren und Salzen (Korrosionsverhalten);

- Reflexion von Licht (Glanz).

Diese Metalleigenschaften werden von Menschen aktiv genutzt. Das bedeutet aber nicht, dass diese Eigenschaften für alle Metalle gleich sind. Metalle teilen sich auf in Eisen und Nichteisenmetalle, die auch wegen der Färbung als Buntmetalle bezeichnet werden. Die Nichteisenmetalle teilen sich ihrerseits auf in schwere, leichte, edle, seltene, hochschmelzende, usw. Metalle befinden sich meistens in den Erzen – komplexen Verbindungen mit Schwefel, Sauerstoff, Kohlenstoff, auch als Legierungen – einem Verbund verschiedener Metalle. In der Natur treffen die reinen Metalle sehr selten zusammen. Nur Gold, Silber und Kupfer treffen sich auf der Erde, wie gediegene Metalle – in einem ziemlich reinen Zustand. So stammt auch Eisen aus Meteoriten, die auf die Erde

In solchen Öfen wurde Kupfer aus Erzen gewonnen.

Links: Kupfer Scheibe. Einer der ältesten Kupferfunde nördlich der Alpen. Kr. Konstanz. ca. 3.900 v. Chr.

Rechts: Goldbarren und Gußform aus Marmor mit Inschrift "C.CAESARIS AVG GERMANICI IMP EX NORIC". 1. Jh. n. Chr. Bergbaumuseum, Bochum.

fielen. Die Metallgewinnung lernte der Mensch beim Feuermachen kennen. Als unsere Vorfahren Feuer hatten, konnten sie das metallhaltige Gestein, das man Erz nennt, erhitzen. Dabei verbrannten die nichtmetallischen Stoffe oder blieben als Schlacke zurück. Um Metalle zu gewinnen und zu schmelzen, benötigt man eine höhere Temperatur, als des gewöhnlichen Lagerfeuers. Die Menschen mussten also lernen, die Metallerze zu erkennen und das Metall durch Verhüttung von Gestein zu trennen. Dafür gibt es unterschiedliche Technologien, mit welchen wir uns in den nächsten Kapiteln beschäftigen.

Die Entdeckung und spätere Beherrschung der Metalle stellten die Menschen vor besonderen Herausforderungen, denn der neue Werkstoff ließ sich nicht auf Anhieb gewinnen und bearbeiten. Die Schwierigkeiten, die mit der Beherrschung des Metalls verbunden waren, sind am langen Zeitraum abzulesen, der in Südwestdeutschland zwischen dem Auftreten einzelner Gegenstände aus Kupfer um 4000 v. Chr. und dem Beginnder Bronzezeit um 2300 v. Chr. liegt. Erst zu diesem Zeitpunkt zeugt eine große Anzahl der Metallfunde von einer echten Beherrschung des Werkstoffes. Ein großer Vorteil des Metalls bestand darin, dass das Material zerbrochener und unbrauchbar gewordener Gegenstände durch erneutes Einschmelzen wiederverwendet werden konnte.

Metalle – Archäologie – Geschichte der Zivilisation

Die archäologische Gliederung der Menschheitsgeschichte ist eng mit aufeinanderfolgenden Wechseln von Arbeitsmitteln und Waffen verbunden. Nach der Steinzeit folgte die Kupfer- und danach die Bronzezeit. Die letzte wurde durch die Eisenzeit abgelöst. Dementsprechend ändern sich mit der Zeit die Verfahren der Gewinnung und der Bearbeitung der Materialien. Es wurden neuere Methoden der Bearbeitung der Erde erfunden: Mit Hilfe von metallischen Arbeitsmitteln konnte man Felder schnell und effizient pflegen und somit den Ertrag erhöhen. Schlussendlich konnte man von der maximalen Ernte profitieren. Chemie, Physik, Geologie sind nur die wenigen Beispiele der neuen Wissenschaften, die daraus entstanden. Diese Entwicklungen wirken sich auch auf viele Berufe aus. Es entstanden neue Berufe: Schmied, Chemiker oder Alchemist und Juwelier. Schmiede studierten Metalleigenschaften in

Abhängigkeit von Erwärmung und Abkühlung, entwickelten neue Legierungen. Das führte zur schnellen Rüstungsentwicklung. Die Länder, die die neuen Typen von Arbeitsmitteln und Waffen herstellten, entwickelten sich schnell. Mit Herstellung der Metallnägel änderten sich die Prinzipien des Haus- und Schiffbaus und die Transportmittel wurden modernisiert. Es wurde außerdem die Juwelierkunst entwickelt. Im alltäglichen Leben erschien das Geschirr aus Metall; dies beeinflusste die Kochkunst. Archäologische Zeugnisse aus Metall erlauben ein Urteil über Schutzrüstungen der alten Welt. Mit allen Fragen über Metalle – auch die Verfahren deren Herstellung und Bearbeitung – beschäftigt sich die Metallurgie. Eine Entwicklung der verschiedenen Wissenschaften stand auch in einem engen Zusammenhang mit der Metallurgie. Je breiter das Wissen über Metalle, desto besser war die Zivilisation entwickelt. Historiker leiden jedoch an einem Mangel an Fakten, um das gesamte Bild der Vergangenheit wiederherzustellen. Dafür brauchen sie schriftliche Zeugnisse. Nicht alle Völker hatten eine

Schrift, und wenn eine existierte, war diese sehr primitiv in Form von Zeichnungen und Bildern, von denen einige bis heute geheimnisvoll geblieben sind. Archäologen finden oft verschiedene interessante Artefakte wie Tonscherben, Goldschmuck oder Waffen aus Bronze, aber die Handschriften auf Pergament und Papyrus sind jedoch sehr selten. Deswegen gehen Gegenstände oder deren Fragmente aus Metallen, welche sich in der Erde, im Unterschied zu den Schriften, besser halten, nicht verloren und stellen die wichtigsten historischen Zeugnisse dar.

Trotzdem könnte man einige Nachweise über die alten Verfahren der Gewinnung und Bearbeitung von Metallen aus literarischen sowie biblischen Texten entnehmen, die manchmal Informationen über Metallvorkommen und metallurgische Zentren erhalten. Vergessen Sie Indiana Jones! Manche der wichtigsten archäologischen Entdeckungen der Geschichte sind faszinierender als alle erfundenen Geschichten. Informationsquellen können archäologische Ausgrabungen und geheimnisvolle, wunderbare archäologische Entdeckungen sein, aber auch Reste der Bergbauzentren, Gegenstände (Tiegel, Arbeitsmittel usw.) und alte Deponierungen, die die metallurgische Produktion charakterisieren. Die Archäologie, die schon von den alten Griechen betrieben wurde, ist heute mit modernsten Forschungsmethoden in der Lage, den Horizont der Vergangenheit zu erweitern.

Die Rolle der Metalle in der Historie und Archäologie ist schwer zu überschätzen. Heute besitzt die Archäologie präzise wissenschaftliche Methoden der Bestimmung des Alters der Artefakte, welche in den Ausgrabungen gefunden werden. Man findet zum Beispiel bei Ausgrabungen ein Metallstückchen. Durch die Metallanalyse und einen Vergleich dessen Zusammensetzung mit anderen metallischen Artefakten aus bekannter Zeitperiode kann man herausfinden, aus welcher Epoche dieser Gegenstand stammt. Heute brauchen wir über die Herkunft und das Alter der Gegenstände nicht mehr die Stirn zu runzeln oder die Karten zu legen, da die Menge und die Zusammensetzung der Begleitelemente uns die

Links: Maske von Silenos. Bronze, 1. Jh. v. Chr.
Archäologiches Museum Nizza, Frankreich.
Rechts: Amphora aus Priamosschatz, Troja. Gold, 3. Viertel
2. Jt. v. Chr. Puschkin-Museum, Moskau.

Links: Messer mit Griff. Bronze, 7.-Mitte 6. Jh. v. Chr.
Archäologisches Museum, Florenz, Italien.
Rechts: Silberschmuck aus dem barbarischen Frauengrab.
Mitte des 5. Jahrhundert n. Chr.

nötigen Information darüber liefern - in welchem Jahrhundert ein bestimmtes goldenes Armband hergestellt wurde: siebenhundert Jahre vor Christi oder in der Regierungszeit des Königs Ludwig des Frommen im 9. Jahrhundert. Jedoch gibt es noch viele offene Fragen, auf Grund des heutigen Standes der Archäologie weiterhin bestehen. Eine große Bedeutung hat eine neue Richtung in der Archäologie – Archäometallurgie – eine Wissenschaft, welche die Elemente der metallurgischen Produktion wie Artefakten aus Metall, Schlacken, Tiegel, wie auch Ofenfragmenten und Blasdüsen studiert und untersucht. Studiert man die Geschichte der Metallurgie, kann die Entwicklung der menschlichen Gesellschaft auf verschiedenen Etappen, auch die Handelsverbindungen der Völker und Länder nachverfolgen oder eine Analyse der Kultur in der Vergangenheit durchführen. Dank komplexer Untersuchungen der Berggruben, den Resten der Gießereien sowie der Metalle und Schlacken kann man die historische Entwicklung der Metallgewinnung abschätzen.

Die Analyse der archäologischen Artefakte, ihrer Formen und Zusammensetzungen kann sich auf Besonderheiten der Technologie stützen und helfen, Ereignisse der Vergangenheit zu rekonstruieren. Ein Fehler, den wir heute mit Vorliebe begehen, ist der, zu glauben, es sei alles schon entdeckt, was es auf dieser Welt zu entdecken gibt.

Was sagt die Bibel über Metalle

Wenn man der Bibel glaubt und zustimmt, dass Gott im Rahmen seines „Programms der Weltschöpfung" alle Elemente in den ersten Tagen geschaffen hat, dann wussten Adam und Eva, die am sechsten Tag der aktiven Gottestätigkeit geschaffen wurden, von der Existenz der 96 Metalle, die sich im Periodensystem der chemischen Elemente von Mendelejew und Meyer befinden. Leider gibt es im Alten Testament nur eine Erwähnung von fünf Metallen. Metalle, die bereits im Altertum bekannt und in der Natur kaum verbreitet sind, erwähnt die Bibel öfter. Zum Beispiel wird Gold in der Bibel etwa 460 Mal erwähnt. Selten, circa 160 Mal, finden sich in der Bibel die Wörter Kupfer oder Bronze. Moses, der sein 1. Buch um 1513 v. Chr. schrieb, erwähnt in Verbindung mit dem Fluss Pischon eine Region, wo das Gold gewonnen und möglicherweise bearbeitet wurde: „Der erste heißt Pischon, der fließt um das ganze Land Hawila, und dort findet man Gold; und das Gold des Landes ist kostbar."

Zu Beginn wurden Metalle und deren Erze wahrscheinlicher Weise in ziemlich reiner Form auf der oder in der oberen Schicht der Erdoberfläche gefunden. Später wurden dann Bergwerke angelegt. An erzhaltigen Gesteinsadern entlang wurden tiefe Schächte gegraben. Etwa vor 3600 Jahren beschrieb Hiob, dass Bergarbeiter eine Schacht gegraben hatten, fern von dort, wo Leute als Fremdlinge weilten: „Im Dunkel und im tiefen Schatten» gingen sie auf die Suche nach begehrten Metallen, indem sie sich hinunterließen und sich riskant baumeln ließen" (Hi 28:1-11) und weiter: „Tatsächlich gibt es für Silber einen Fundort und eine Stätte für Gold, das man läutert; Eisen selbst wird direkt aus dem Staub genommen, und [aus] Gestein wird Kupfer ausgegossen." Zur Zeit des Auszugs der Israeliten aus Ägypten trieben die Ägypter viel Bergbau. Mose beschrieb das Gelobte Land, wohin die Israeliten kommen wollten, als «ein Land, dessen Steine Eisen sind, wo du Erz aus den Bergen hauen wirst.» Die Archäologen fanden auf der Sinai-Halbinsel um circa 80 km vom Berg Sinai ägyptische Türkise Bergwerke, und an der Ost-Küste des Roten Meers wurden die Reste des Bergbaus der Ägypter entdeckt.

Das 2. Buch Mose berichtet über Metallbearbeitung: „Und sie schlugen Goldplatten und schnitten sie zu Fäden, dass man sie in Kunstwerkerarbeiten unter den blauen und roten Purpur, den Scharlach und die feine Leinwand einweben konnte. Und sie machten an der Tasche Ketten wie gedrehte Schnüre, aus feinem Gold, und zwei Goldgeflechte und zwei goldene Ringe und hefteten die beiden Ringe an die beiden oberen Ecken der Tasche."

Obwohl Eisen in der Natur sehr verbreitet ist und seine Produktion mehr als 300.000 Mal häufiger als Goldproduktion ist, wird es in der Bibel nur etwa 100 Mal erwähnt. Zum ersten Mal finden wir Information über Eisen im 1. Buch Mose. Dort steht, dass Kains Nachfahre, Tubal-Kain, der vor der Sintflut lebte, die Gegenstände aus Bronze und Eisen herstellte: „Tubal-Kain, der Schmied von jeder Art von Kupfer- und Eisenwerkzeugen." Die Ergebnisse der archäologischen

Ausgrabungen bestätigen, dass Eisen früher bekannt war und der Mensch dieses aus dem Erz schmelzen lernte. Eisen wurde in Form der Meteoritenfragmente gefunden. Man benutzte es nicht nur als Arbeitsmittel, sondern sah auch einen Gegenstand der himmlischen Herkunft darin.

Als Symbol wird Eisen in der Bibel vor allem mit Waffen und Kriegsführung verbunden. Aus Eisen wurden Schwerte, Äxte und Beile, Pfeilspitzen und Speeren und später die ganze Rüstung hergestellt. In der ersten Phase der Eisenzeit im zweiten Jahrtausend vor Christus hatten die biblischen Völker Kanaan und Philister die Eisenwaffen. Im gleichen Zeitraum behielt bei den Israeliten Bronze seine Bedeutung und auch seine Wichtigkeit. Gemäß der Bibelüberlieferung verbieten die Philistern den Israeliten eigene Schmiede zu haben. Möglicherweise spielte das Verfahrensgeheimnis eine Rolle bei der Eisenherstellung. Die Bibel erzählt, dass die Israeliten Eisen nicht selbst schmelzen oder bearbeiten konnten; das machte sie von den Philistern abhängig: „Und alle Israeliten zogen jeweils zu den Philistern hinab, ein jeder, um sich seine Pflugschar oder seine Hacke oder seine Axt oder seine Sichel schärfen zu lassen."

Die Bibel spricht nicht nur über Förderung und Verwendung von Metallen, sondern auch über deren Bearbeitung. Das Buch des Propheten Jesaja (740 und 701 v. Chr., Jes 40:19) erzählt: „Das hat der Künstler gegossen, und der Goldschmied überzieht es mit Gold und lötet silberne Kettchen daran." Und weiter (Jes 44:12): „Der Kunstschmied hat einen Meißel und arbeitet in der Glut und bildet es mit Hämmern und fertigt es mit der Kraft seines Armes." Obwohl in alter Zeit kein Eisen als ein Konstruktionsmaterial verbreitet war, wurden im 10. Jahrhundert v. Chr. unter König Salomo für die Ausstattung des Tempels in Jerusalem die eisernen Nägel und Konsolen verwendet: „Und Eisen in großer Menge für Nägel für die Türen der Tore und für Klam-mern bereitete David und auch Kupfer in solcher Menge, dass man es nicht wiegen konnte."

Ein großer Teil des Kupfers, welches beim Tempelbau verwendet wurde, stammte von den Eroberungen seines

Abbildung aus dem Rechmirs Grab in Theben erzählt über Gewinnung und Bearbeitung von Metallen im Alten Ägypten. 1550-1292 v. Chr. © Foto Jean Vertut.

Links: Golderzmühle 2. Stein, Ägypten, Neues Reich, 1550-1070 v. Chr. Bergbaumuseum, Bochum.
Rechts: Totenmaske von Chaemwaset (Sohn von Ramses II.). Blattgold, 1225 v. Chr. Louvre, Paris, Frankreich.

Vaters David in Syrien (1. Chronik 18:6–8). Das „gegossene Meer", ein riesiges kupfernes Becken, das die Priester für Waschungen benutzten, konnte rund 66000 Liter fassen und mag an die 30 Tonnen gewogen haben (1. Könige 7:23–26, 44-46). Auch die zwei gewaltigen Säulen am Eingang des Tempels waren aus Kupfer. Sie hatten eine Höhe von 8 Metern und einen Durchmesser von 1,7 Metern. Innen waren sie hohl, und die Wände hatten eine Dicke von 7,5 Zentimetern. Die Kapitelle, die oberen Teile, waren über zwei Meter hoch (1. Könige 7:15, 16; 2. Chronik 4:17). Es ist absolut beeindruckend, was für Unmengen an Kupfer allein schon dafür gebraucht wurden.

In einer Grube verborgen, in Binsenmatten verpackt, entdeckten die Archäologen im Jahre 1961 weit über 400 Gegenstände zum Großteil aus Kupfer, darunter Kronen, Zepter, Arbeitsgeräte sowie Keulenköpfe und andere Waffen. Seine Existenz zeigt, dass die Gewinnung, Verhüttung und Verarbeitung von Kupfer schon sehr früh bekannt waren. Über die wichtige Bedeutung der Metalle sprechen die poetischen Strophen von Prophet Jesaja (Jes 60:17): „Statt Erz will ich Gold herbeibringen und statt Eisen Silber; statt Holz aber Erz und statt der Steine Eisen. Ich will den Frieden zu deiner Obrigkeit machen und Gerechtigkeit zu deiner Verwaltung."

Erze: Förderung und Bearbeitung

Werkzeuge, Haushaltsgeräte, Waffen und Münzen: die Metallnachfrage steigte permanent. In den mexikanischen Gruben gewann man Gold, in den peruanischen – eine große Mengen Silber. In den europäischen Bergwerken wurden sowohl Silber, aber auch Kupfer, Blei, Zinn und Eisen gewonnen. Seit dem 16. Jahrhundert förderte man in England und Belgien große Mengen Steinkohle, welche als Brennstoffersatz der Holzkohle benutzt wurde. Viele Händler investierten große Geldsummen in die Ausbeutung der Erzvorkommen. Das führte zur Erhöhung ihres Vermögens und der Steigerung der Industrieentwicklung.

In einer der Kurzgeschichten des US-amerikanischen Schriftstellers O. Henry handelt es sich um zwei Helden: Jeff Peters und Andy Tucker – zwei lustige Schwindler, die oft selbst Opfer ihrer eigenen hinterlistigen aber primitiven Pläne wurden. Jeder, der diese spaßigen Werke kennt, erinnert sich bestimmt an den Aktienverkauf der nicht existierenden Bergwerke oder Verkauf von Strandgrundstücke, die sich auf dem Seeboden befanden. Obwohl die Zeit von Peters und Tucker vorbei ist, werden zurzeit nicht nur in den USA, sondern auf der ganzen Welt von ähnlichen Schwindlern „reiche Bergwerke" oder Anteile an der Verarbeitung neuer „perspektivischer Metallvorkommen" verkauft.

Seit Urzeiten graben die Menschen Mineralien und Gesteine aus, um daraus unterschiedliche Gebrauchsgegenstände herzustellen. Als „Minerale" werden alle Kristallarten bezeichnet, die auf natürliche Weise entstanden sind. Auch Metalle sind Minerale. Ihre Kristallform ist jedoch so winzig, dass wir sie mit bloßem Auge nicht erkennen können. Man fand wertvolle Metalle in bestimmten Mineralien, sogenannte Erze. Die Entdeckung von Metallen und anderen Rohstoffen veränderte die Lebensformen der frühen Kulturen. Erze unterscheiden sich nach Gehalt dieser und jener Metalle, zum Beispiel Eisenmetalle und Buntmetalle (in ihrer Zusammensetzung gibt es kein oder sehr wenig Eisen).

Es gibt noch eine besondere Kategorie: Das sind die Erze der Edelmetalle, zu welchen Gold, Silber, Platin, Palladium und noch einige Metalle der Platingruppe gehören. Viele Erze enthalten mehr als ein Metall, wie Blei-Zink-, oder Kupfer-Nickel-Erze. Deswegen versucht man bei der Entwicklung einer neuen Technologie, alle wertvollen Komponenten zu berücksichtigen und zusammen zu gewinnen. Um Erze zu finden, verwendet man spezielles Wissen und Methoden, die die Anwesenheit der Erzvorkommen klären. Die ersten Metallfunde fand man ohne menschliches Eingreifen und ausschließlich durch Naturkatastrophen – die Nachwirkungen von Erdrutschen, Bränden und Erdbeben. Die Menschen sammelten Beobachtungen von Naturerscheinungen und Merkmalen, die Metallvorkommen begleiteten. Dabei wurde aufmerksam auf Gras- und Pilzarten geachtet. Auch auf die Büsche: wenn sie auf den Erzen wuchsen, wurden sie getrocknet und beim starken Wind oft mit der Wurzel herausgerüttelt. Für die Metallsuche verwendeten die Bergleute Kompass, Astrolabium und radiostatische Stäbe mit astrologischen Symbolen. Als das älteste bekannte Instrument bei der Erzsuche im Mittelalter war ein Stab oder Drumstick, der als „Virgula Divina" bezeichnet wird. Manchmal hatten solche Stäbe oder Trommelstöcke sehr spannende Namen: „die Leuchtende" für Gold; „der Jumper" für Kupfer; „das Schillernde" für Silber; „die Klappe" für Blei. Heute gibt es spezielle Geräte, mit denen sich in den Erzen wertvolle Metalle finden lassen.

Der Erzabbau wird in einer Grube (im Erztagebau) oder in einer unterirdischen Mine (in einem Bergwerk) durchgeführt. Im Bergwerk gibt es unter der Erde vertikale Schächte, in welchen sich die Bergleute mit Seilen herunterließen. Das Erz wird eimerweise in den speziellen Fördergefäßen an Seilen nach oben befördert. Die anderen schmalen Schächte dienten einer ausreichenden Be- und Entlüftung sowie als Notausgänge. Zwischen zwei vertikalen Schächten wurden die waagerechten oder leicht ansteigenden Gänge, die sogenannten Stollen, angelegt, auf denen Gestein befördert wird.

Neben der Stollenverkleidung nutzte man auch das Gestein selbst zum Abstützen, indem man Pfeiler und Gewölbe stehen ließ, wie es auch schon Plinius beschreibt. In Spanien und den Donaugebieten musste ein größerer Aufwand betrieben werden, um das Wasser aus den Bergwerken abzupumpen. Man fand dort Überreste von Wasserrädern unterschiedlicher Größe. Sie waren natürlich ebenso in den Ablaufrinnen der Stollen vorhanden. Für die Beleuchtung der Stollen wurden in der Antike Fackeln, danach Öllampen, die das „dritte Auge" hießen, verwendet. Damit die Bergleute neben ihrem Licht durch die Öllampen auch genügend Sauerstoff erhielten, mussten die Stollen durch immer neue Tagesschächte mit der Erdoberfläche verbunden werden.

Zunächst hatte die Handarbeit mit Werkzeugen der jeweiligen Epoche die Gewinnungsarbeiten bestimmt. Um 1200 v. Chr. war die Technik des Untertagebaus schon auf einer ganz beachtlichen Entwicklungsstufe angelangt. Doch um diese Zeit kannte man auch schon eine andere, etwas drastischere Methode, dem harten

Muttergestein zu Leibe zu rücken.

Außerdem bevorzugten die bronzezeitlichen Ingenieure etwas härteres Gestein, weil das nicht so leicht abbrach und sich ein mühsamer Abbau erübrigte. Sie entwickelten also die Methode des Feuersetzens. Dabei wurde das Gestein durch starke Feuerbrände kräftig erhitzt und dann entweder auf natürliche Weise oder durch Besprühen mit Wasser wieder abgekühlt. Dadurch entstanden unterschiedliche Spannungen im Gestein, die auch harte Felsen sprengten oder so weit lockerten, dass das Gestein herausgebrochen werden konnte. Zu römischer Zeit konnten die gewonnenen Erze und Metalle in unmittelbarer Nähe der Schürfgebiete verarbeitet werden, wobei ganz im Gegenteil zu späteren Epochen Schürfstellen, Produktionsstätten und Siedlungsgebiet eine Einheit bildeten.

Viele Minen, die seit der Römerzeit bekannt waren, wurden das ganze Mittelalter lang ausgebeutet. In diesem Zusammenhang bestand die Aufgabe der Fachleute darin, die römischen Minen, wieder zu öffnen und neue

Suche und Förderung der Erze.

Lagerstätten anzusiedeln. Auf der Jagd nach Bodenschätzen sind verwendete Hilfsmittel Jahrtausende hindurch in ihrer Form etwa die gleichen geblieben, lediglich das Material änderte sich: Schlägel und Eisen aus Horn, Stein oder Metall. In der Mitte des 16. Jahrhunderts wurde zur Entwässerung der Minen ein Rad mit dem Durchschnitt von etwa 10 Metern verwendet. Dies wurde durch Energieerzeugung mittels Wasser- oder Pferdekraft in Bewegung gebracht. Später standen auf den Schächten große Dampfmaschinen, mit denen das Grundwasser angehoben wurde. Das ermöglichte, Bergwerke bis in 650 Meter Tiefe zu erreichen. Im 17. Jahrhundert begann man in den Bergwerken das Gestein zu sprengen und das Erz durch eine Abfuhrstraße auf den rollenden Karren abzutransportieren. Danach erfolgte ein erneuter Aufschwung. 1785 wurde in Mansfeld die erste Dampfmaschine Deutschlands in Betrieb genommen, um Wasser aus den Gruben zu pumpen. Weitere Maschinen folgten. Im 19. Jahrhundert baute man noch immer am Rand des Beckens etwas tiefere Bereiche ab, der Abraum wurde auf größeren Flachhalden aufgehäuft. In dieser Zeit begann die Mechanisierung unter Tage Fuß zu fassen und allmählich die menschliche und tierische Arbeitskraft zu ersetzen. Der Mechanisierung folgte später die Automatisierung. Nach fast hundertjährigen Bemühungen kamen in der zweiten Hälfte des 19. Jahrhunderts die ersten Schrämmaschinen zum Einsatz: Zunächst in England, dann in ganz Westeuropa und den USA. Heute wird praktisch ganze teure menschliche Arbeit durch Maschinen ersetzt. In den Stollen werden die Wände gegen Einsturz durch ausgemauerte Gewölbe und Korbbogenprofile aus Eisenbahnschienen statt Holzsäulen abgesichert, und die Decken (sogenannten Firsten) werden teilweise betoniert. Beim Erzabbau wird das Fördergut in einem kontinuierlichen Förderstrom bewegt. Dieses Verfahren findet seine Anwendung bei Förderbändern, bei Kratzkettenförderern oder bei der Wendelrutsche. Das Erz wird durch eine Maschine mit speziellem Werkzeug gefördert, welches wie eine Fräse aussieht. Dabei wird der Rohstoff durch Bohren und

Sprengen im weitgehend mechanisierten Untertagebetrieb der großen Abbaukammern abgebaut. Danach kommt das Erz aufs Förderband, welches dieses zum Aufnahmebunker bringt. Das gewonnene Material wird anschließend gleislos mit LKWs zu Fabriken mit Aufbereitungsanlagen transportiert. Dort wird das Material aussortiert, angereichert, und als Letztes wird aus dem Material das Metall gewonnen.

Eine Erzanreicherung unterscheidet sich in Abhängigkeit von physikalischen und chemischen Eigenschaften wie Dichte, Leitfähigkeit und Benetzbarkeit. Bei Anreicherung werden Konzentrat und Abfälle des Erzes getrennt. Das Konzentrat besteht aus Mineral oder Mineralien der Metalle. Die Abfälle, die keine oder fast keine Metallmineralien besitzen, werden als Deponien in der Nähe des Bergbaugeländes auf die Erdoberfläche gelegt.

Ein Verfahren der Metallgewinnung aus den Erzen hängt vor allem von den Metalleigenschaften ab, und ist mit einer Veränderung des Metallzustandes – seiner Reduktion – verbunden. Bei der Anwendung der Metall-gießtechnik benötigte man als Energiequelle lediglich Holz zum Beheizen des Ofens sowie Holzkohle als Zuschlagstoff. Hieraus ergab sich eine sehr enge räumliche Anbindung der Produktionsstätten an die Erzlagerstätten, die sich während späterer Epochen nie wieder in ähnlicher Unmittelbarkeit eingestellt hat. Meistens schmelzen Metalle wie Kupfer oder Eisen mit Kohlenstoff als Reduktionsmittel bei hohen Temperaturen. Wenn die Erze Schwefel enthalten, werden sie zuerst mit oder ohne Lufteinblasen geröstet. Aluminium und Natrium werden aus den Lösungen durch ein elektrochemisches Verfahren gewonnen. Rohstoffabbau ist zumeist mit erheblicher Umweltbelastung verbunden. Als ein Beispiel dient etwa das Eisenerz einer großen Lagerstätte in China, das reichlich Fluor aufweist. Dieses wird bei der Aufbereitung des Erzes im Hochofen freigesetzt und führt zu extremen Umweltproblemen rund um die Produktionsstätte. Weitere Probleme ergeben sich durch Lösungsmittel, die bei der Gewinnung von Metallen eingesetzt werden und vor allem in den Ländern der Dritten Welt häufig in Gewässer entsorgt werden. So werden etwa die Metalle der seltenen Erden meist mit Lösungsmittel aus dem Gestein und Gold und Silber mittels cyanidhaltigen Lösungen gewonnen.

Magische Zahl Sieben oder die historische Entwicklung der Metallgewinnung

Die erste Erfahrung der Menschen mit Metallen begann mit Gold, Silber und Kupfer – also mit Metallen, die sich in einem gediegenen Zustand auf der Erdoberfläche befanden. Dazu kamen die in der Natur verbreiteten Metalle: Zinn, Blei, Eisen und Quecksilber, die leicht gewonnen werden können. Es gibt gute Gründe zu vermuten, dass Metall anfangs auf dem Territorium Ägyptens und im Nahen Osten durch Rösten auf dem offenen Feuer gewonnen wurde. Diese Gewinnungsmethode gehört ins 7.-5. Jahrtausend v. Chr., wobei die antiken Metallurgen die Kupferproduktion am besten meisterten. Waffen und Arbeitsmittel aller Art wurden aus Kupfer hergestellt, in dem das geschmolzene Metall in eine Form aus gebranntem Ton gegossen wurde.

Unsere heutigen Kenntnisse des damaligen Herstellungsprozesses stammen aus alchemistischen und technischen arabischen Schriftquellen und wurden in Experimenten nachvollzogen. Zu sieben Metallen, die bereits in der Antike bekannt waren, kamen im Mittelalter noch Zink, Bismut, Antimon und zu Beginn des 17. Jahrhunderts Arsen dazu. Ab Mitte des 18. Jahrhunderts stiegt die Anzahl der erfundenen Metalle schnell an: auf die Zahl 65 zum Anfang des 20. Jahrhunderts und auf 96 im 21. Jahrhundert. Dass so viele chemischen Elemente bereits Mitte des 19. Jahrhunderts bekannt waren, beunruhigte die Wissenschaftler. Da nicht alle Eigenschaften der bekannten Metalle untersucht und geklärt waren, warf jedes neue Metall dutzende neuer Probleme und Fragen auf. Es war kein Zufall, dass in dieser Zeit der berühmte englische Wissenschaftler Michael Faraday mit Schwermut einstand: „Es war die Zeit, als wir die Zahl der Metalle erhöhen wollten, heute wollen wir sie reduzieren."

Betrachten wir zuerst die Metalle, die als erste im Leben der Menschen ihre Verwendung fanden.

Kupfer ist ein Metall von Venus

Im Mittelalter waren Alchemisten und Astrologen der

Meinung, dass jedem Metall ein bestimmter Planet entspräche. Kupfer wurde deshalb mit der Venus in Verbindung gebracht. In der Natur ist Kupfer sowohl im gediegenen Zustand als auch in Salzform und in Legierungen mit anderen Metallen vorzufinden: Arsen, Antimon, Tellur, Gold, Silber, Platin und Palladium. Lange Zeit, von 10. Jh. v. Chr. bis ca. 14. Jh. n. Chr., benutzten die ersten Nationen in Kanada gediegenes Kupfer für die Herstellung von Waffen und Arbeitsmitteln. Im Altertum war Kupfer ein überaus wichtiger Werkstoff. Zuerst stellte man aus Kupfer Schmuck her. Danach wurde festgestellt, dass das Metall Kupfer viele nützliche Eigenschaften besitzt: Dank seiner höheren Schmiedbarkeit konnte man aus Kupfer Gegenstände verschiedener Formen herstellen. Eine Pfeilspitze oder ein Messer konnte man aus Kupfer viel schneller herstellen und auch wieder scharf machen. Kupfer kann man leichter bearbeiten als Knochen oder Stein. Deswegen wurde es zur Herstellung von Werkzeugen und Waffen verwendet.

Mit der Zeit verstanden die Menschen, dass man Kupfer aus besonderen Steinen - Mineralien - durch Schmelzen gewinnen konnte. Kupfermineralien sind wegen ihrer blauen oder grünen Farbe (Azurit oder Malachit) sehr auffällig. Die begehrten grünen und blauen Kupfergesteine holte man zunächst aus oberirdischen Lagerstätten. Doch schnell wurde in Bergwerken danach geschürft. Und das markierte den Anfang der Kupferepoche.

Die Menschen der Kupferzeit entdeckten, dass durch die Vermengen von flüssigem Kupfer mit Arsen, Nickel oder Zinn ein härteres Metall entstand: Bronze. Es bildeten sich sogenannte Legierungen, die den Schmelzpunkt senkten und das Endprodukt härter machten. In Persien und Anatolien nutzte man schon früh auch arsenhaltige Kupfererze: Bereits im späten 5. Jahrtausend gab es in Anatolien und in Persien sporadisch Arsenbronze, also Kupferlegierung mit hohem Arsengehalt. Ab dem frühen 4. Jahrtausend verbreiteten sich diese Legierungen im ganzen Nahen Osten, und wenig später hatten sie in Anatolien und in Persien das unlegierte Kupfer als dominierendes Metall abgelöst. Zum Ende des Chalkolithikums waren bereits viele wichtige Verfahren der Metallbearbeitung bekannt, und es gab eine große Palette an Produkten. Trotzdem wurden nur kleine Mengen hergestellt, wobei es sich vor allem um Luxus- und Kultobjekte handelte. Die alten Materialien der Steinzeit dominierten noch immer. Nach einigen Experimenten erwies sich die Legierung von Kupferteilen und einem Teil Zinn als das ideale Material für Waffen und Hausgegenstände. Damit fertigten Spezialisten durch Gießen, Schmieden und Treiben vielfältige Geräte, Waffen und Schmuck. Erst mit Zinnbronze gelang der Metalltechnologie ein Durchbruch.

Die Reste der antiken Gruben, Öfen und Schlacken sind bis zum heutigen Tag erhalten geblieben. Die letzten archäologischen Funde antiker metallischer Artefakte aus dem Nahen Osten und Anatolien bestätigen eine Gewinnung und Verwendung des metallurgischen Kupfers schon zu Beginn des 7. Jahrtausends v. Chr.

Um 4000 v. Chr. war bereits Kupfermetallurgie auf

Kupferminerale (von links nach rechts): 1. Cuprit, 2. Azurit, 3. Enargit, 4. Malachit, 5. Chalkopyrit, 6. Chalkosin.

Links: Kupferbarren in Form Ochsenhaut, ca. 30 Kilo. 1500-1450 v. Chr.. Archäologisches Museum, Iraklion, Kreta.

Rechts: Schlackenkuchen (6). Kupferstücke (7) aus Schmelzvorgang in Shahr-i Sōkhta (Provinz Sistan, im heutigen Iran). Chalkolithikum, 3. Jt. v. Chr. Bergbaumuseum, Bochum.

den Territorien des heutigen Irans, Nubiens und der heutigen südisraelischen Wüste Negev im Kupferrevier von Timna bekannt. Die Verarbeitung von Kupfer entwickelte sich im Vorderen Orient. Von dort breitete sie sich allmählich nach Mitteleuropa aus. Die Bergleute holten Kupfer aus einem komplexen Bergwerksystem, welches aus engen Stollen und senkrechten Förder-, Luft- und Lichtschächten bestand. Der Ort wurde sogar von namhaften Gelehrten als Ort der „Kupferminen Salomos" angesehen, und die israelische Touristenwerbung griff diesen Mythos natürlich begeistert auf. Erfinder der Kupferlegende war Sir Henry Haggard (1856–1925), der am Ende des 19. Jahrhunderts seinen Abenteuerroman „King Salomon`s Mines" veröffentlichte.

Seit dem 2. Jahrtausend v. Chr. begann der Kupferabbau auf den Inseln des Ägäischen Meers und auch in Zypern, welches jahrhundertelang das Zentrum des Kupferexportes in der alten Welt war. Übrigens, gilt die Insel auch als die Geburtsstätte von Venus, die die Griechen mit Aphrodite identifizieren. Während der

Bronzezeit erlebte Zypern eine Hochblüte, denn die Insel verfügte über reiche Kupfervorkommen (bis Anfang des 20. Jahrhunderts behielt die Kupferindustrie ihre Bedeutung in Zyperns Wirtschaft). Das deutsche Wort „Kupfer" leitet sich von dem griechischen Namen der Insel, nämlich Kupros ab. Bis heute ist unklar, ob es zuerst den Namen der Insel oder die Bezeichnung des Metalls gab.

Um das Kupfererz im Tiegel zu schmelzen, brauchte man im Schmelzofen eine gute Glut. Mit Blasebalg und Pusteröhrchen wurde Luft zugeführt. Antike Metallurgen gossen Kupfer in eine Form flacher viereckiger Barren mit mal stärker, mal weniger stark ausgezogenen Ecken und einem Gewicht von 20 bis 30 Kilo. In der Bronzezeit nutzte man zur Fertigung von Werkzeugen und anderen Gegenständen wiederverwendbaren Gussformen aus Sandstein oder Lehm. Aufgrund ihrer Form wurden die Kupferbarren von Archäologen „Ochsenhautbarren" genannt, die Mitte des 2. Jahrtausends zur weiteren Bearbeitung in die verschiedenen Länder geliefert wurden. Als Beweise dienen die Funde der antiken Schiffswracks mit einer Fracht von Kupferbarren, welche auf den Handelsrouten zwischen Zypern und den Ländern des östlichen Mittelmeerraumes sanken.

Auf Zypern kann man den Zummenhang zwischen Kultur und Metallurgie sehr genau beobachten. Hier existierten im 12. Jahrhundert v. Chr. mehrere Tempel, zu denen die Komplexe von Metallwerkstätten gehörten. Diese Kupfer- und Bronzegießereien lagen unmittelbar neben den Tempeln und konnten durch einen Durchgang betreten werden. Sie standen wohl unter der direkten Verwaltung der Tempel. Die dort gefundenen Öfen, Kupferschlacken, Tiegel und Düsen gehören ohne Zweifel zu den Metallwerkstätten. In alter Zeit, bis circa 8. Jahrhundert v. Chr., wurden Gegenstände aus Kupfer und Kupferlegierungen, zum Beispiel aus Bronze, wegen deren Farbe und Eigenschaften hoch eingeschätzt. Und vor allem für die Herstellung von Waffen und Rüstung wurden sie hoch eingeschätzt. Wenn man über Bronze spricht, denkt man oft an mittelalterliche Kanone oder

Glocken. Aber die Bronzeverwendung war dank des Spektrums seiner nützlichen Eigenschaften seit der Antike bis zum heutigen Tag viel umfassender, und umfasst auch Produktion von Arbeitsmitteln, Haushaltsgeräten und Kultgegenständen.

Kupfer wurde in verschiedenen Bereichen benutzt:

- In der Elektrotechnik, vor allem in Kabeln und Leitungen, da es eine höhere Leitfähigkeit besitzt;

- Da Kupfer ein weiches Material ist und sich gut bearbeiten lässt, ist es ein sehr populäres Metall in der Bauindustrie. Im Gegensatz zu Stahl behält Kupfer seine Elastizität bei niedrigen Temperaturen auch bei langzeitiger Verwendung;

- Die höhere Wärmeleitfähigkeit von Kupfer ist ein Vorteil bei der Herstellung von Heizgeräten und Heizungen. Die Kupferrohren für Heißwasser verlieren weniger Wärme als die anderen Rohren;

- Aufgrund der leichten Bearbeitung, spielt Kupfer eine große Rolle bei der Herstellung der unterschiedlichen dekorativen Hausgeräten.

Wussten Sie, dass Kupfer als Mikroelement auch eine wichtige Rolle im menschlichen Organismus spielt? Kupfer ist an der Bildung roter Blutkörperchen beteiligt, der Mobilisierung von Eisen, der Energiegewinnung, sowie am Aufbau des Bindegewebes und zum Schutz der Zellmembranen.

Hippokrates behandelte Geschwüre und Krampfadern mit Kupfer. Empedokles (490-430 v. Chr.), ein altgriechischer Philosoph, Politiker und Arzt, trug, um sich besser zu fühlen, Sandalen aus Kupfer. Aristoteles (384-322 v. Chr.) sah in diesem Metall ein wunderbares Mittel gegen Tumore, Prellungen und Abschürfungen. Beim Zubettgehen, hielte er einige Kupferkügelchen in der Hand, weil er davon überzeugt war, dass Kupfer die Arbeit des Herzens verbesserte und eine entzündungshemmende Wirkung besäße. Kupfer wurde auch für Heilem von Augen- und Hautkrankheiten eingesetzt, sowie Wurmerkrankungen, Anämie und Meningitis behandelt. Epilepsiepatienten wurden Münzen, Kügelchen und Ringe aus Kupfer in die Hand gedrückt.

Kupfer wurde auch für seine antimicrobielle Wirkung sehr geschätzt. Zum Beispiel waren Mitarbeiter der Kupferwerke nie an Cholera erkrank, und die Soldaten, die auf dem Körper Kupferkreuze trugen, waren trotz wütender Pest am Leben geblieben.

Die Mängel sowie die Überschüsse von Kupfer im Organismus haben gewisse Nebenwirkungen und können oftmals zu Krankheiten führen. Beispielsweise Kupfersalze zersetzen die roten Blutkörperchen, die sogennanten Erythrozyten. Überschuss an Kupfer wird auch mit Erkrankungen des Nervensystems, Gastritis, Magengeschwüren, schwacher Immunität, Knochenerkrankungen und schlechten Zähnen in Verbindung gebracht.

Als nächste, schauen wir uns das Gold an.

Edelmetall Gold

Gold, wie auch Kupfer, war eines der ersten Metalle, welche der Mensch kannte. Das war kein Zufall, denn beide Metalle hatten ähnliche Eigenschaften wie Plastizität durch Schmieden, Schmelzfähigkeit bei ähnlicher Temperatur und Legierungsbildung in allen Verhältnissen, die zu ihren Zusammenverwendungen führten.

Gold kommt in den Seifenvorkommen (in den sekundären Lagerstätten) als gediegenes Metall vor. Die abbauwürdigen Goldkonzentrationen verursachten eine Verwitterungsbeständigkeit und ein hohes Gewicht des Edelmetalls. Strömungsverhältnisse, z. B. Wind und Wasser, führen in Verwitterungsprodukten zur Konzentration und Ablagerung von zehn bis zu hundert Gramm Gold pro Tonne Gestein. So bildeten sich Seifenreiche Goldsande. Sie waren der erste Goldvorkommen-Typ, der von Menschen genutzt wurde. Bei der Goldgewinnung wird der kostbare Sand gesiebt und im Wasser gewaschen. Wenn zu wenig oder gar kein Wasser vorhanden war, wurde der Goldsand im Wind auf- und abgeworfen und dadurch abgesiebt. Dabei versuchte man, den Sand in Windrichtung zu werfen. Dabei wird das leichtere Material zur Seite gewirbelt, und das schwere Gold fiel dann in den Sieb des Bergmannes.

Diese Methode ist nur dann geeignet, wenn die Größe der Goldpartikel mehr als 0,5 Millimeter beträgt. Ein altrömischer Wissenschaftler und Schriftsteller, Plinius der Ältere, der im 1. Jh. n. Chr. lebte, schrieb, dass solches Gold nicht schmelzen müsse, weil dies ziemlich rein sei.

In der Natur kommt eine mineralische Legierung aus Gold und Silber in Form eines Goldnuggets (Edelmetallklumpen) vor, welches einen stark schwankenden Goldanteil von 20 bis 90% haben kann. Diese Legierung heißt Elektrum. Goldnuggets dürften wohl eine der bekanntesten Formen sein, in denen gediegenes Gold gefunden wird. Das liegt nicht zuletzt an den Filmen und Erzählungen über den Goldrausch von Kalifornien oder Alaska. Die meisten sind einige Millimeter oder ein paar Zentimeter groß. Allerdings gab es auch einige sehr spektakuläre Funde von Goldnuggets. Im 1869 wurde beispielsweise in Moliagul (Australien) eins mit dem vielsagenden Namen „Welcome Stranger" gefunden und wog rund 72 kg (entspricht 2316 Feinunzen). Bernhardt Otto

Holtermann fand im Jahre 1972 in Australien einen 214 kg schweren Goldklumpen, bei dem der Goldgehalt bei vergleichsweise mageren 57 kg lag. Streng genommen handelte es sich um einen Quarzbrocken mit hohem Goldanteil. Das führt zur Frage: Wie entsteht aus einem goldhaltigen Quarzbrocken ein Goldnugget? An dieser Stelle kommen mehrere Dinge zusammen. Zum einen ist Gold sehr beständig – so beständig, dass dies den umgebenden Quarz während der Verwitterung überlebt. Das ist aber nur ein Teil der Geschichte. Im Muttergestein ist Gold meist sehr fein verteilt. Um ein großes Nugget wie das „Welcome Stranger" zu bilden, braucht man noch einen anderen Faktor. Auffällig ist, dass die Nuggets nicht nur größer als die primären Goldkörner sind, sondern auch reiner: Gold aus Quarzadern hat oft einen höheren Gehalt an Silber als das Gold der Seifenlagerstätten.

Bei Goldgewinnung aus Flüssen wurden auf dem Weg des Goldstroms alle Arten von Fallen gebaut, die geholfen haben, die schweren Goldpartikel aufzuhalten.

Im strömenden Wasser werden Sand, Kies und Geröll nicht nur transportiert, aber auch nach Größe und Dichte aussortiert. Die Seifen oder Seifenlagerstätten sind Ablagerungen von Schwermineralen in Bächen und Flüssen, wobei es sich um aktive Flussläufe oder um ältere Ablagerungen handeln kann. Die größte Konzentration findet sich oft über Feinsedimenten innerhalb der Flussablagerungen oder unmittelbar über dem Gestein des Untergrunds. Seifen sind wichtige Lagerstätten von Gold und Zinn (als Mineral Kassiterit). Weltweit werden Goldseifen abgebaut, wo Gold in Form winziger Flitter oder Nuggets auftritt. Die bedeutendste Goldprovinz der Welt ist der Witwatersrand in Südafrika. Auch im Oberrheintal in Deutschland wird Gold in einigen Kiesgruben noch heute quasi als Nebenverdienst der Kiesgrubenbetreiber gewonnen. Welche Schwerminerale es im Einzelfall sind, hängt natürlich von den Gesteinen ab, die im Einzugsgebiet verwittern. Der genaue Prozess ihrer Entstehung ist extrem komplex und bis heute nicht eindeutig geklärt.

Bestimmt haben Sie schon einmal den griechischen

Mythos über das Goldene Vlies gehört oder gelesen. Das war das Fell eines goldenen Widders, der fliegen und sprechen konnte. Ino, die Frau des Königs Athamas, hasste ihre Stiefkinder: seine Tochter Helle und insbesondere den Thronanwärter Phrixos, weshalb sie einen eigenen Sohn haben wollte, welcher das königliche Erbe antreten sollte. Götter sahen, dass die Königskinder in Gefahr schwebten und sandten den Widder. Dieser nahm die Kinder auf seinen Rücken und trug sie fort. Er stieg in die Luft und flog übers Meer nach Osten. Als er die Meerenge überquerte, die Europa von Asien trennt, rutschte Helle von seinem Rücken und fiel ins Wasser. Diese Meerenge wurde nach ihr als Hellespont (Meer der Helle) benannt. Der Widder setzte Phrixos in Kolchis sicher ab. Das war das Land am Schwarzen Meer, welches von König Aietes regiert wurde. Phrixos wurde dort gast-lich empfangen, und aus Dankbarkeit, dass die Götter sein Leben bewahrt hatten, hat er den Widder im Zeustempel geopfert. Aietes erhielt das wertvolle Goldene Vlies, hängte dies im heiligen Hain des Gottes

Ares auf und ließ es von einem schiffsgroßen, niemals schlafenden Drachen bewachen. Später raubten die Argonauten mit Hilfe der Königstochter Medea unter der Führung von Iasons das Goldene Vlies und brachten dies nach Iolkos, wo es dem König Pelias übergeben wurde.

Ich fand es spannend, die Mythen im heutigen Alltag zu verorten. Im goldreichen Land Kolchis, welches im Kaukasus, im Westgebiet des heutigen Georgiens liegt, werden bis heute die Schaffelle verwendet, um Goldsand aus den Flüssen zu gewinnen. Ausgrabungen in Georgien brachten besonders kunstvoll getriebene Goldgegenstände aus dem 6. bis 4. Jahrhundert v. Chr. hervor.

Historiker vermuten, dass der Hintergrund der Argonautensage die Gier der Griechen nach den Bodenschätzen des Kolchis und besonders nach Gold gewesen sein müsste. Die Flüsse im Kaukasus führten reichlich Goldstaub, und die einheimischen Bewohner fingen dort den Goldsand auf den dichtwolligen Schaffellen. Nach einiger Zeit wurden die Felle aus dem Fluss entfernt und getrocknet. Sie glänzten und funkelten in der Sonne, weil

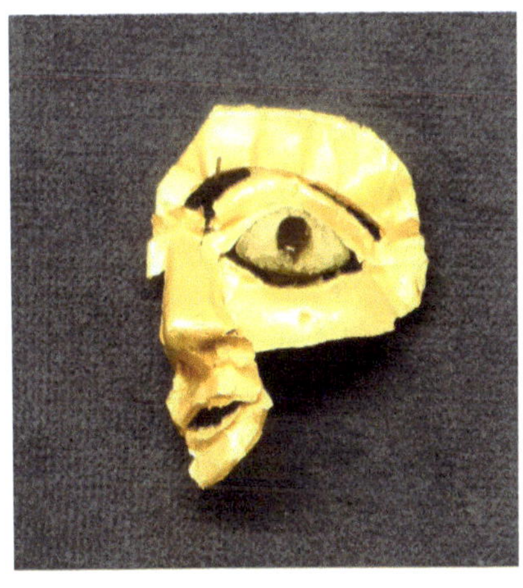

Links: Maske. Gold, Romanische Periode, 50-395 n. Chr.
Zypernmuseum, Nikosia, Zypern.
Rechts: Schatz des Priamos: Diadem mit Anhängern. Gold,
Troja, 3. Viertel 2. Jt. v. Chr. Puschkin Museum, Moskau.

Links: Goldplättchen und Goldkette. Spätbronze Zeit (1650-
1050 v. Chr.) Zypernmuseum, Nikosia, Zypern.
Rechts: Maske. Gold, 3.-1. Jh. v. Chr. Archäologisches
Museum, Iraklion, Kreta.

die Goldpartikel in der Schaffelle stecken blieben.

Dennoch wurde Gold in der Regel in den Minen abgebaut. Die goldhaltigen Erze sind zu unterscheiden in Golderze, welche nur des Goldes wegen abgebaut werden, und die Erze, aus welchen Gold neben anderen Metallen gewonnen wird. Schon in der Bronzezeit konnten die Menschen Gold aus dem Erz gewinnen. Damals war es wahrscheinlich gediegenes Gold in den Quarzgesteinen. Diese Gesteine wurden mittels primitiver Werkzeuge gebrochen und – wo das möglich war – erhitzt und rasch mit Wasser erkaltet. Außer Quarz wurde Gold auch aus komplexen Erzen zusammen mit Kupfer und ande-ren Metallen gewonnen.

In der Zeit des Römischen Reiches wurden die Erze in den Gruben oder in den Minen bis 100 Meter Tiefe und bis 500 Meter Länge mittels Hammern und Keilen abgebaut und in Holzeimern mit Hilfe einer Handhaspel nach oben auf die Erdoberfläche gezogen. Als die Tiefe der Mine das Niveau des Grundwassers erreichte, wurde der Erzabbau beendet, weil die gesamte Entwässerung der

Stollen ohne Installation der speziellen Vorrichtungen unmöglich war. Sehr selten hatten Bergleute Kenntnisse darüber, wie sie unterirdische Flussabläufe ableiten und einbrechendes Wasser aus den Gruben holten konnten. Heute erfolgte die Verhüttung der Erze auf einer Tiefe von 2000 Metern. Dabei wird Grundwasser, welches in allen Bergwerken auftrifft, abgepumpt.

Gefördertes Erz wurde zerkleinert, dann auf ein schiefes Brett gelegt und mit Wasser begossen. Der feine abgesiebte Sand lief über die Riffeln mit abnehmendem Gefälle. Das schwere Gold blieb in den quer zur Fließrichtung angeordneten Rillen der Gummiauflagen liegen. Dieses Verfahren heißt Gravitationsanreicherung und ist bis heute im Einsatz. In England in den Dolaucothi-Goldminen, wo Goldabbau wahrscheinlich in der Bronzezeit begonnen hat, wurden die Reste der Vorrichtungen für Erzzerkleinerung und die römischen Wasserleitungen auf den Plätzen des Goldwaschens gefunden. Im Laufe der Zeit wurde die Zahl der leicht zugänglichen Erze immer kleiner. Auch die Zahl der goldreichen Erze, die leicht bearbeitbar waren, nahm stark ab. Gleichzeitig war der Bedarf der Menschheit an Gold durch die Bevölkerungsentwicklung und den Wirtschaftsanstieg immer größer. Das Zeitalter der Entdeckungen im 15.-17. Jahrhundert schenkte den Europäern die Neue Welt und die neuen Goldquellen. Mit der Entdeckung Amerikas strömten die Edelmetalle nach Europa, – zuerst durch Raub, dann durch Sklavenarbeit von Indianern. Unter Berücksichtigung dieser Tatsache war das ganze Gold, welches von Indianer gesammelt und von Kolumbus nach Europa mitgebracht wurde, bei der Eroberung Amerikas eine große Beute. Bei dieser Eroberung beraubten Spanier die Indianer unerbittlich, lockten sie in Fallen, forderten Lösegeld, töteten sie. Peruaner nannten Gold nach deren Kolonisation durch Europäer „Tränen der Sonne". Ein spanischer Konquistador, Abenteurer und gleichzeitig der Generalkapitän der spanischen Krone Francisco Pizarro eroberte das Reich der Inka.

Nach dem Beispiel des Konquistadoren Cortes und der vielen anderen spanischen Eroberer ging er heimtückisch und hart vor. Unter dem Vorwand von Verhandlungen wurde der Inkaherrscher Atahualpa zum Pizzaro gelockt, und es gelang den Spaniern, Atahualpa gefangen zu nehmen. Daraufhin forderte Pizarro von Inkaherrscher Lösegeld für seine Befreiung. In der Folge bot Atahualpa Pizarro einen enormen Preis: Ein Raum mit 35 Quadratmetern wurde mit Gold gefüllt, ein weiterer Raum zweimal mit Silber. Inka brachten das komplette Lösegeld in den folgenden Monaten in die Stadt Cajamarca in Peru. Dennoch wurde Atahualpa wegen eines angeblichen Aufstands von Pizzaro zum Tode verurteilt und hingerichtet. Für einige Jahre eroberte eine kleine Konquistadorentruppe ein großes Inka-Territorium. Francisco Pizarro wurde von spanischer Krone zum Gouverneur des spanischen Reiches in Südamerika – einen großen Teil des modernen Peru, Ecuador, Nord-Chili und einen Teil von Bolivien – ernannt.

Das Gold, welches die Spanier innerhalb von ein paar Jahren aus ihren Kolonien nach Europa geschafft hatten, war viel mehr als die damaligen Goldreserven in den europäischen Ländern. Für die Vergoldung des Altars in der Kathedrale Sevilla wurden zweieinhalb Tonnen Gold aus Amerika verwendet. Zum Ende des 18. Jahrhunderts war jedoch diese Goldquelle erschöpft. Deswegen musste man in Begleitung von Fachleuten aufmerksam an die immer schwierigere Ausarbeitung der Goldlagerstätten herangehen. Es musste auch die Technik der Goldgewinnung entsprechend verbessert werden. Im 19. und 20. Jahrhundert wurde im Bergbau eine ganze Reihe neuer Geräte, Vorrichtungen und Technologien für Aufbereitung, Anreicherung und Metallgewinnung entwickelt, inklusive Baggerschiffe sowie Anreicherung in den Zyklonen und die Cyanidlaugerei, welche bis heute genutzt werden.

Gold ist nicht nur ein Metall, welches Kennerinnen des teuren Schmucks sehr mögen. Gold ist auch ein Symbol des Reichtums. Außerdem wird es in verschiedenen Bereichen der Technik im reinen Zustand sowie in Legierungen mit anderen Metallen verwendet. Gold besitzt eine hohe elektrische Leitfähigkeit und ist sehr plastisch und leicht zu bearbeiten. Aus einem Gramm Gold kann man einen Draht mit einer Länge von zwei Kilometern ziehen! Reines Gold ist so weich, dass man dies mit einem Fingernagel ankratzen könnte. Deswegen werden für Schmuck Goldlegierungen mit Kupfer und Silber verwendet, welche den Legierungen außerdem unterschiedliche Farben und Glanz verleihen. Gold ist ein schweres Metall: Seine Dichte ist gleich 19,3 g/cm^3. Deswegen wiegt ein Golddiskus mit dem Durchmesser einer Kopfschmerztablette gegen Kopfschmerzen mehr als 10 Gramm.

Heute findet Gold folgende Anwendungen:

- in Schmuck;

- in Münzen und Barren;

- in der Elektrotechnik und Elektronik. Viele elektronische Geräte nutzen sehr niedrige elektrische Spannungen, und Ströme und schaden sich durch Korrosionsstörungen. In Geräten wie z.B. modernen Computern und Handys werden verschiedene vergoldete Bauteile (Kontakte, Schaltungen, usw.) verwendet;

- in der Medizin: Gold wird seit Jahrhunderten in der Medizin eingesetzt und für mehrere Behandlungen verwendet. Goldhaltige Lösungen sind antimicrobial, erhöhen den Blutdruck, regen den Stoffwechsel an und verbessern die Durchblutung. Dieses Metall wird in Medikamenten zur Behandlung von rheumatoider Arthritis und Polyarthritis zugesetzt und wird in der plastischen Chirurgie verwendet. In der Homöopathie wird Gold verwendet, um Erkrankungen der Gelenke und der Wirbelsäule, Parodontose, Herzkrankheit, der Leber, der Gallenwege und der Geschlechtsorgane zu behandeln. Goldpräparate liegen in Form einer Aufschlämmung vor und werden in wasserlöslichen Injektionszubereitungen bei der Behandlung von chronischer Arthritis oft in Kombination mit einem hormonellen oder anderen Medikament angewandt. Radioaktives Gold wird in Verbindung mit chirurgischen und medizinischen Therapien verwendet, um Tumore zu behandeln, sowie für diagnostische Zwecke. Die Maya waren mit ihrem Wissen ihrer Zeit voraus: Vermutlich verwendeten sie den sogenannten Goldtüpfelfarn, um Entzündungen wie Sonnenbrand zu behandeln. Dieses Mittel haben Forscher erst vor Kurzem wiederentdeckt. Der Farn könnte unseren Sonnenschutz revolutionieren und unsere herkömmliche Sonnencreme ersetzen – und zwar in Form einer Pille. Forscher von der Universität Mainz hoffen, die regelmäßige Einnahme dieser Pille könnte einem permanenten Sonnenschutz mit einem Lichtschutzfaktor 15 gleichkommen. Wissenschaftler forschen an einer neuen Heilung von Krebs. Eine neue Studie hat nun ergeben, dass Gold nicht nur das Potenzial hat, Krebszellen abzutöten, sondern auch effizienter als die herkömmlichen Mittel. Auch in der Zahnmedizin ist eine Goldverwendung seit circa 700 v. Chr. bekannt. Die Goldlegierungen werden für Plomben, Kronen und Zahnbrücken verwendet, weil Gold hypoallergen ist, und – wie wir schon wissen – gut verarbeitet werden kann.

- im Flugzeug- und Raumschiffbau, wo Reparatur- oder Wartungsmöglichkeiten sehr begrenzt und oft absolut unmöglich sind. Dort verwendet man nur die sichersten

Materialien. Zum Beispiel deckt den Mützenschirm des Helmes von Astronauten eine dünne Goldfolie ab. Sie schützt die Augen und Haut vor dem schädlichen Sonnenlicht im Weltraum;

- als Blattgold – dies wird für Möbel, Rahmen, Fotos, Elemente von Gebäuden und Kunstgegenstände benutzt.

Man kann noch ein Dutzend weitere Beispiele für Goldanwendungen aufführen, aber lassen wir uns nun über das Blattgold reden. Das Blattgold war den Menschen bereits in der Antike bekannt. Reliefbilder und Keilschriften weisen eine Verwendung von Blattgold im Alten Ägypten schon 2500 Jahre v. Chr. nach. Auf Wänden der Gräber findet man Abbildungen seiner Herstellung; mit Blattgold wurden Statuetten sowie Grabmasken verziert. Die Alten Griechen verwendeten das Blattgold auch – und nicht nur für Schmuck: In der antiken Stadt Pylos fanden die griechischen Archäologen zwei Gräber aus dem 13. Jh. v. Chr., deren Wände mit Blattgold bedeckt waren. In der Bronzezeit war Pylos ein wichtiges Handelszentrum, weil es auf der Route von

Asien und Griechenland nach Italien lag.

Bei der Herstellung des Blattgoldes wurde von Meistern wesentlich elastischeres Gold benutzt. So kann man aus einem Gramm Gold eine Folie herstellen, die so groß ist wie ein Papierblatt mit der Dicke 0,1 Millimeter und der Größe von 0,5 Quadratmetern! Im Auflicht glänzt Blattgold goldgelb, im Gegenlicht scheint eine weiße Lichtquelle grünlichblau durch. Die vergoldeten Seiten alter Bücher geben uns Auskunft über alte Handwerkstechniken und die Handwerkskunst der Buch- und Manuskriptseitenmalerei. Eine besondere Rolle spielte das Blattgold in der Ikonenmalerei: Kleidung der Figuren der Heiligen, Engelsflügel sowie die Heiligenscheine wurden mit Gold angebracht. Nach dem Trocknen wird das zusätzliche Blattgold entfernt, und das Bild geglättet. Der russische Schriftsteller N.V. Gogol schrieb: „In unserer alten Ikonenmalerei gibt es Abbildungen der Heiligen mit fantastischen Gesichtsausdrücken."

Es ist klar, dass die Ikonen, die mit Blattgold vergoldet wurden, viel Geld kosteten. Wie hoch die Ikonen geschätzt wurden, weist eine Notiz auf, die der Abt Joseph von Wolokolamsk im Jahre 1511 in seiner Botschaft machte: „Vom Mönch Feodosy bekam ich Ikonen des Malers Andrei Rublev, welche zwanzig Rubel kosten."

Damals kostete ein ganzes Dorf mit Häusern und Grundstücken 20 Rubel!

Heutzutage wird viel Blattgold für Restaurierungszwecke benutzt. Bei der Vergoldung von Kirchenkuppeln und Ornamenten des Katharinenpalasts in Zarskoje Selo (Russland) wurden 21360 Blätter des Blattgoldes mit einer Größe von 70 x 120 Millimetern und einem gesamten Gewicht von 912 Gramm und für die Vergoldung der 72 Meter hohen Spitze der Admiralität in Sankt Petersburg circa zwei Kilo des Blattgoldes verbraucht. Aus dieser Goldmenge kann man ein Kügelchen mit einem Durchmesser von drei Zentimeter herstellen.

Blattgold kann man auch zu sich nehmen. Was Sie gerade gelesen haben, ist kein Schreibfehler! Schon in der Antike wurde es als Arzneimittel für die Reinigung und

Verjüngung des Organismus eingenommen. Die tägliche Einnahme von einigen Mikrogramm Blattgold verbessert die Funktion der inneren Organe, insbesondere der Leber, des Magen und des Blutkreislaufs. Jeder von uns isst mindestens einmal pro Woche ein bisschen Gold.

Glauben Sie nicht? Dann schauen Sie aufmerksam auf die Etikette der Nahrungsmittel, die Sie kaufen. Sie sehen, dass mehrere aus diesen die Nahrungszugabe E-175 enthalten. In der Europäischen Union, der Schweiz und den USA werden 22 und 24 Karat Gold als Nahrungszugabe E-175 verwendet. Es bewirkt keine Veränderung des Nahrungsgeschmacks und ruft keine allergische Reaktion hervor. Der Zusatzstoff dient etwa in der Form von Goldflocken zum Zweck der Dekoration von Pralinen oder auch Lachs. In Indien wird Blattgold direkt ins Essen gegeben. Es wurde berechnet, dass die indische Bevölkerung fast 12 Tonnen Blattgold pro Jahr isst!

Besonders häufig wird Blattgold während der Vorbereitung von Hochzeiten und Festen verwendet. Franzosen und Italiener mögen es, das Blattgold ins Essen zu geben. Das kann ein knuspriges Fleischstück, ein Fischfilet, eine Cremesuppe, ein italienisches Risotto oder eine Torte zum Geburtstag sein; Blattgold kann auf jedes Gericht aufgetragen werden. Es wird jedoch nicht mit der Speise gekocht oder gebraten, sondern vom Servieren dekoriert. Natürlich kann es auch bei der Gerichtsvorbereitung aufgetragen werden: Mit dem Metall passiert nichts, und der Essensgeschmack ändert sich nicht. Das Blattgold hat vor allem einen optischen Effekt – besonders, wenn das Gericht selbst eine intensive Farbe hat, wie zum Beispiel Rote-Bete-Suppe. Zu Desserts passen besser Goldflocken, mit welchen es bestreut wird. Kochprofis arbeiten nicht nur mit Goldflocken; sie dekorieren das Essen mit ganzen Blättern des Blattgoldes. Zur Weihnachtzeit werden Kekse und Pralinen mit goldenen Sternchen und Herzchen geschmückt. Auf dunkeler Schokolade sehen solche glänzenden Schüppchen besonderes gut aus, und zum Geburtstag werden Torten mit Blumen und Schriftzügen aus Blattgold dekoriert.

Gold begleitet rätselhafte, kriminelle und manchmal

absolut unwahrscheinliche Geschichten. Im 20. Jahrhundert sind in Büchern und besonders im Kino neue Mythen über Gold erschienen. Sie sahen sicher Hollywood Action- und Detektivfilme, in welchen Räuber Banken ausraubten. Sie packten alles flott in die Taschen – manchmal auch große Mengen an Goldbarren. Da die typischen Goldbarren 12 bis 14 Kilo wiegen, kann man sich gut vorstellen, dass eine Tasche über 100 Kilogramm wiegen kann. Nicht jeder Bandit könnte eine solche Tasche tragen.

Silber - Metall für das Wasser des Lebens

Ein anderes Edelmetall – Silber – wurde vermutlich in derselben Zeit wie Gold entdeckt. Die ältesten Silberschmuck-Funde stammen aus Ägypten in der Zeit um 6000 v. Chr., aber bis Mitte des 2. Jahrtausends v. Chr. war Silber in der Alten Welt kaum verbreitet. Im 6.-5. Jh. v. Chr. wurden die Silbererze hauptsächlich in Lavrion in Griechenland abgebaut. In dieser Blütezeit der Athene waren 10.000 bis 20.000 Sklaven in den Lavrions-Minen beschäftigt. Die Minen brachten einen Gewinn bis 27 Tonnen im Jahr. Es wurde gerechnet, dass in dieser Zeit 160 Millionen Silberunzen (etwa 5000 Tonnen Silber) gewonnen wurden. Historiker meinen, dass die Niederlage der Athene während des Peloponnesischen Krieges mit der Eroberung der Lavrions Minen durch Spartaner in Verbindung steht. Zwischen den Jahren 104 und 102 v. Chr. machten die Bergwerkssklaven von Lavrion einen Aufstand, verließen die Silberminen und brannten alles was sich ihnen in den Weg stellte nieder. Der Bergbau kam zum Erliegen und wurde erst rund zweitausend Jahre später wieder aufgenommen.

Seit dem 4. Jahrhundert v. Chr. bis Mitte des 1. Jahrhunderts v. Chr. übernahmen Spanien und Karthago eine Führung in der Silbergewinnung. Diodor (90-30 v. Chr.) überliefert uns harte Bedingungen für die Bergarbeiter in den Silberminen Spaniens. Nach der Inbesitznahme Spaniens durch Rom erwarben Römer zahlreiche Sklaven und ließen sie unter Bewachung härtete Arbeiten verrichten. Die von Strabo (etwa 63 v. Chr.-nach 23 n. Chr.) vorkommende Schilderung der Minen in Neu Karthago wird gerne zitiert, um die schiere Zahl von Arbeitern in römischen Bergwerken zu veranschaulichen. So schildert er, dass die genannten Minen 40.000 Menschen beschäftigten und die Anlagen selbst mehr als 400 Stadien (über 74 Kilometer!) umfassten. Seit Anfang der neuen Epoche entstanden viele Silberminen im europäischen Raum. Die Eroberung Amerikas im 16. Jahrhundert führte zum Abbau reicher Silbervorkommen in Süd- und Zentralamerika, wo das Metallproduktionsvolumen um fünfmal höher war als in Europa. In Russland wurde erstes Silber im Jahre 1704 in den Nertschinskii-Minen in Transbaikalien gewonnen. Danach folgte die Bearbeitung der Silberlagerstätten in Altai und in Primorje. In den Vereinigten Staaten, Russland, Lateinamerika sowie in Großbritannien und Kontinentaleuropa war Silber an der Entstehung und dem Untergang ganzer Imperien beteiligt. Heute haben Peru, Chili, Australien und Polen die größten Silbervorräte.

In der Natur kommt Silber als gediegenes Metall

Silbergewinnung und -bearbeitung. Foto des Bildes in dem Silberbergwerk Caroline in Sexau (Schwarzwald).

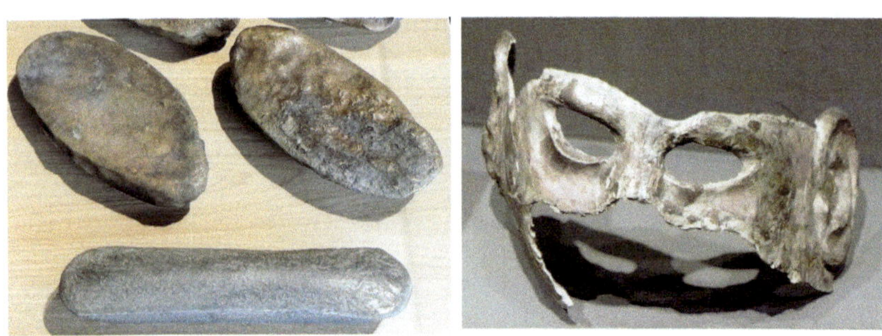

Links: Silberbarren (Rio Tinto, Spanien) (Schiffwrack, Aleria, Ost-Küste von Korsika, Frankreich). 1.-Anfang 2. Jh. n. Chr. Bergbaumuseum, Bochum.
Rechts: Grabmaske. Silber. Necropoli di Banditella, 675-625 v. Chr. Archäologisches Nationalmuseum, Florenz.

sowie in den Silber- und silberhaltigen Erzen der Buntmetalle und des Goldes vor. Heutzutage werden 70 bis 80% des Silbers international als Nebenprodukt aus komplexen Kupfer- und Blei-Zink-Erzen gewonnen. Während der Bearbeitung solcher Erze konzentrieren sich die Edelmetalle in den Anodenschlämmen, die sich bei elektrolytischer Reinigung von Kupfer, Blei und Zink bilden. Aus diesen Schlämmen werden zuerst die Reste der unedlen Metalle entfernt. Dann werden sie zu Gold-Silber-Legierungen geschmolzen. Die Silbergewinnung ist ein komplexer technologischer Prozess, aber die steigende Nachfrage nach Silber sorgt dafür, dass seine Gewinnung steigt. Für die Silbergewinnung aus Silber- und Golderzen, die viele Begleitelemente enthalten, verwendet man zwei klassische Hauptverfahren: das Amalgamieren und Cyanidlaugerei.

Das älteste Verfahren ist Amalgamieren – eine Methode, um Silber und Gold aus den Erzen und sekundären Produkten mit Quecksilber zu gewinnen. Durch eine Legierungsbildung wird das feste Silber nach Quecksilberzusatz quasi verflüssigt. Man muss dazu allerdings das Silber mit dem Quecksilber mechanisch gut vermengen. Durch Laminieren des Silbers wird eine große, angreifbare Oberfläche erzielt. Quecksilber benetzt kein Eisen oder Kupfer, weil es immer mit einem Oxidfilm überzogen ist. Das Amalgamieren und eine Zerkleinerung des Erzes werden in einer Vorrichtung sowie auf speziellen Tischen oder in Trommeln durchgeführt. Danach wird Amalgam mit Wasser gewaschen und filtriert. Unlösliche Verunreinigungen werden mittels Abpressens durch einen Lederfilter entfernt. Beim Erhitzen verflüchtigt sich Quecksilber, und Silber bleibt als Pulver oder Schwamm zurück, welche in Barren verschmolzen wird.

Die am häufigsten verwendete Methode ist die Cyanidlaugerei. Dieses Verfahren beruht auf Oxidation des im zerkleinerten Gestein fein verteilten Silbers oder Goldes in alkalischer, wässriger Lösung, welche Cyanidionen enthält. Außer Silber enthalten die Erze noch Gesteine und auch andere Mineralien, von welchen

Silber getrennt werden müssen. In diesem Fall wird ebenfalls das Cyanidlaugerei-Verfahren benutzt. Durch eine solche Bearbeitung entsteht eine silberhaltige Lösung, aus welcher Silber zum Beispiel mittels des Zinkpulvers abgesetzt wird. Der Bodensatz wird gereinigt, gewaschen und in Silberbarren geschmolzen. Weitere Methoden, die in der Industrie zur Bearbeitung der silberhaltigen Lösungen oft benutzt werden, sind das Möbius- und Ionenaustauscher-Verfahren. Beim Möbius-Verfahren wird Elektrolytsilber (auch Feinsilber genannt) durch eine elektrolytische Reinigung des Rohsilbers hergestellt. Beim Ionenaustauscher-Verfahren wird der jeweils entstandene Silberkomplex an Aktivkohle adsorbiert, um diesen von Verunreinigungen zu trennen, wonach die Aktivkohle wieder entfernt wird (Eluieren bei 110°C). Nach Gewinnung des Edelmetalls wird die Cyanidlösung mit Wasserstoffperoxid zu Kohlenstoffdioxid und Ammoniak umgewandelt und entgiftet.

Silber kann man heute – wie Gold – aus den Erzen nicht nur mittels altbekannter Verfahren gewinnen, sondern auch mittels Mikroorganismen – einer Gruppe von schwefeloxidierenden Bakterien (Thiobacillus). Da sich durch kein Verfahren hochreines Silber gewinnen lässt, muss man zusätzlich eine weitere Methode einsetzen – das Raffinieren. Dieses wird nicht nur für die Reinigung des Metalls aus Erz, sondern auch für die Reinigung des unterschiedlichen technologischen Schrotts sowie Juwelierschrotts verwendet.

Die Anwendung von Silber schließt medizinische Geräte, Schmuck und Maschinenbau ein. Außerdem gilt Silber als das älteste und bekannteste bakterientötende Metall, welches seit der Antike verwendet wird, um Krankheiten zu behandeln.

Eisen oder was ist teuer als Gold und Silber

Lasst uns eine Frage stellen: Welches Metall ist heute besser als jedes andere untersucht?

Die Praxis zeigt, dass 80% der Befragten ohne zu zögern Eisen nennen. Siebzehn Prozent haben Zweifel und sagen nachdenklich: „Grundsätzlich Eisen, aber es könnten auch Calcium oder Natrium sein." „Keine Ahnung", sagen die restlichen der Befragten. Der Gedankengang der Befragten kann nachvollzogen werden.

Welches Metall wird am meistens verwendet? Eisen.

Welches Metall ist der Menschheit seit Jahrtausend bekannt? Eisen.

Welches Metall befindet sich in den Erzen und im menschlichen Blut? Eisen.

Wir werden keine Erklärungsversuche zur Entstehung des Metalls unternehmen, sondern wollen erst einmal die Geschichte des Eisens zu beleuchten. Die Menschen lernten das Eisen, Kupfer und Gold fast gleichzeitig kennen.

Seltene Funde eiserner Gegenstände (Eisen wurde früher überwiegend als Schmuckmetall verwendet) bei Ausgrabungen in Ägypten gehören zum 4. Jahrtausend v. Chr. Chemische Analysen der Artefakte zeigten einen höheren bis 7,5% Nickelanteil und sprechen über meteoritische Eisenherkunft. Man erzählte, dass beim Numa Pompilius (dem sagenhaften zweiten König von Rom um

750-672 v. Chr.) der eiserne Schild aus dem Stein hergestellt wurde, der von Himmel fiel. 1621 wurden aus meteoritischem Eisen zwei Schwerter, ein Dolch und eine Speerspitze für einen indischen Fürsten hergestellt. Auch die Degen des russischen Imperators Alexander I. und des Nationalhelds Südamerikas Simon Bolivar wurden aus kosmischem Eisen hergestellt. Es sind auch weitere Fakten bekannt: 1818 entdeckte die antarktische Expedition des englischen Seefahrers James Clark Ross, dass Eskimo des Baffin Islands Messer und Harpunenspitzen aus Eisenstückchen des großen Meteoriten hergestellt hatten, welcher an der Küste der Melville-Bucht lag. Jedoch findet sich gediegenes Eisen im Gegenteil zum Kupfer sehr selten vor.

Eisen befindet sich in vielen Mineralien, unter welchen Hämatit und Magnetit eine hohe wirtschaftliche Bedeutung haben. Unter anderen Eisenmineralien kommen auch Limonit, Siderit, Göethit und Pyrit vor, die zum Teil sogar dominieren können.

Eine alte Legende erzählt von einem Schäfer namens

Magnes, der auf dem Berg Ida bei Troja in der nordwestlichen Türkei eine Herde Schafe weidete. Einmal merkte er, dass die eiserne Spitze seines Hirtenstabes an schwarzen Steinen, welche in großer Menge unter seinen Füßen lagen, „haften blieben". Magnes richtete die Spitze des Hirtenstabes nach oben und bestätigte sich, dass das Holz sich zu diesen ungewöhnlichen Steinen nicht anziehen ließ. Magnes hatte verstanden, dass diese Steine kein anderes Material außer Eisen akzeptierten. Der Schäfer nahm einige Steine nach Hause mit und überraschte seine Nachbarn mit dieser Entdeckung. Die Eigenschaft, Eisengegenstände anzuziehen, wurde „Magnetismus" genannt und der schwarze Stein „Stein von Magnes" oder einfach „Magnetit". Ein natürlicher Magnet ist das schwarze Eisenmineral Magnetit, aber der Mensch lernte im Laufe der Zeit, künstliche Magnete herzustellen und sie für unterschiedliche Anwendungen einzusetzen. Sie werden vor allem im Kompass – dem Gerät mit der schwimmenden magnetischen Nadel – verwendet, welche sich immer in zwei bestimmte Himmelsrichtungen dreht: Eine Seite der Nadel zeigt nach Süden, die andere nach Norden.

Die ersten schriftlichen Erwähnungen des Eisens stammen aus dem Anfang des 2. Jahrtausends v. Chr. Viele Historiker vermuten, dass die Eisenverhüttung im Nahen Osten mit den Philistern gebunden ist. Das war ein Volk, welches im Alten Testament erwähnt wurde und zu Beginn des 12. Jahrhunderts v. Chr. an Israels Mittelmeerküste (vom modernen Tel-Aviv bis Gasa) lebte. Im Nahen Osten beherrschten Philister und noch ein Volk, welches unter dem Namen Hethiter bekannt war, die Technologie der Eisenherstellung. Man kann sagen, dass die beiden Völker am Anfang der Eisenzeit standen. Die Heimat der hethitischen Kultur war die anatolische Hochebene, die reich an Erzvorkommen war, welche gerade die mesopotamischen Handelsleute herbeilockten. Bedeutendste Errungenschaft der Hethiter bestand in der Eisenherstellung. Ihre Herrscher schienen das Geheimnis der Eisenmetallurgie geizig gehütet zu haben, denn erst geraume Zeit nach dem Niedergang des

Eisenminerale (von links nach rechts):
Oben: Goethit, Hämatit. Unten: Limonit, Pyrit.

Links: Rennofen aus der Latenezeit um 5. Jh. v. Chr. in
Obersdorf-Rödgen, Deutschland.
Rechts: Abfälle der Eisenproduktion. Mitte 1. Jh. n. Chr.
Archäologisches Museum, Brindisi, Italien.

Hethiterreiches breiteten sich Eisengewinnung und Eisenverarbeitung im übrigen Nahen und Mittleren Osten aus.

Zwischen 1200 und 700 v. Chr. vollzog sich in der Alten Welt der Wechsel von Venus zu Mars oder Bronze zu Eisen. Das gehörte zur Blütezeit des Assyrischen Reiches. Im 9.-8. Jh. v. Chr. übernahm nun Eisen im Alten Orient das Zepter. Stein und Bronze wurden noch nicht komplett vernachlässigt, aber seit dieser Zeit gab es in den schriftlichen assyrischen Quellen Erwähnungen von Rüstungen und Waffen der assyrischen Krieger, aus Eisen. Eisen konnte man zwar nicht so gut in Formen gießen wie Bronze, aber ein Schmied konnte daraus hervorragende Waffen oder auch Werkzeuge anfertigen. Das gilt noch heute. Bei archäologischen Ausgrabungen der assyrischen Stadt Chorsabad (im heutigen Irak) fanden Archäologen im Palast des assyrischen Königs Sargon II., der im 8. Jh. v. Chr. herrschte, gelagerte Eisenbarren sowie eiserne Schaufeln, Pflugschare und Hacken!

Der Prozess der Eisenherstellung begann mit Verhütten von unansehnlichen „verrosteten" Eisenerzen. Eisenverhüttung und -verwendung im Alten Griechenland kennen wir aus Werken „Ilias" und „Odyssee" des altgriechischen Dichters Homer. Eine Verbreitung der Eisengegenstände fand um 900 v. Chr. auf den Inseln des Ägäischen Meers und auf dem griechischen Festland statt und war mit Gewinnung des Eisenerzes in Lakonien und auf der Südküste des Schwarzen Meers verbunden. Im 7.-5. Jh. v. Chr. begann dort eine reguläre Gewinnung und Bearbeitung von Eisen und Buntmetallen. Die Hauptzentren der Metallurgie waren die Inseln Samos, Knossos, auch Korinth, Chalkida und Lakonien; hier basierte die Metallverarbeitung ursprünglich auf lokalen Erzvorkommen.

Am Anfang des 2. Jahrtausends v. Chr. wurde das Rennverfahren zur Eisenerzeugung entwickelt, welches bis zum 14. Jahrhundert n. Chr. angewendet wurde. In diesem Verfahren wurde der Ofen von oben wechselschichtig mit Brennstoff (meist Nadelholzkohle) und fein zerkleinertem Erz (meist Raseneisenstein oder Bohnerz) mit möglichst hohem Eisengehalt befüllt. Bei einer Temperatur von 1100 bis 1350°C – je nach Bauart des Ofens – wird ein Teil des Eisenerzes im halbfesten Zustand zu Eisen reduziert. Der Ofen wurde durch eine als Gebläse fungierende, halbkugelförmige und fellüberspannte Schale (frühere Form des Blasebalgs) mit Luftsauerstoff versorgt. Durch einen Reduktionsprozess bildete sich auf dem Boden des Ofens der mit Schlacken befüllte Eisenschwamm: Das war die so genannte Luppe mit einem Gewicht von 1 bis 8 Kilo. Wenn Schlacken durch Hammerschlagen aus der Luppe entfernt werden, bekommt man eine ziemlich hohe Eisenqualität. Eine Weiterentwicklung der Eisenverhüttung war mit einer Modernisierung des Ofens und der Luftgebläse und auch neuen Verfahren der Bearbeitung der Eisengegenstände wie Abschrecken und Aufkohlen verbunden.

Metall, aus welchem der kleine standhafte Soldat gemacht wurde

Sie haben bestimmt schon einmal das Märchen des

dänischen Schriftstellers Hans Christian Andersen über den standhaften Zinnsoldaten gelesen. In diesem Märchen heißt es, dass die fünfundzwanzig gleichartigen Zinnsoldaten aus einem alten Löffel gegossen wurden.

Welches war das Metall, das Andersen für seinen Helden ausgewählt hat? Zinn ist ein graues mattes bis silberglänzendes Metall, welches seit der Antike geschätzt und verwendet wird. Über dieses Metall gibt es (wie über Gold) Erwähnungen auf Bibelseiten im 4. Buch Mose. Wegen seines Glanzes wurde Zinn von einigen Völkern mit den Edelsteinen gleichgestellt und als Schmuck getragen. In der Natur findet man Zinn als ein reines Metall nur sehr selten; öfter in Form des Minerals Kassiterit – dieses wird noch Zinnstein genannt. Meistens wird Kassiterit in Spanien, Italien, Mexiko und China abgebaut. Man unterscheidet zwei Typen der Zinnlagerstätten: primäre und sekundäre (Zinnseifen), die sich durch Sedimentation und Verwitterung bilden. In Flüssen führen Änderungen der Strömungsgeschwindigkeit nicht nur zur sortierten Ablagerung von Sand und Kies: Die verwitterungsbeständigen Minerale mit hoher Dichte können zu Seifenlagerstätten angereichert werden. Es ist leichter, Zinnseifen zu bearbeiten, welche größtenteils feinkörnigen Sand enthalten. Da Kassiterit ein ziemlich schweres Mineral ist, wird es mittels eines Baggerschiffes gefördert und angereichert. Das erhaltene Konzentrat enthält bis zu 70% Zinn.

Das aus primären Lagerstätten abgebaute Erz wird in speziellen Brechern oder Mühlen zerkleinert und angereichert. Das Konzentrat wird geröstet, um Schwefel zu entfernen, und geschmolzen und raffiniert, um ein reines Metall zu erhalten.

Anfangs wurde Zinn vermutlich in den südöstlichen Territorien vom Kaspischen Meer und Aralsee, im Ost-Iran und in Afghanistan gewonnen. Diese Lagerstätten versorgten die Einwohner vom Zweistromland (Mesopotamien) und Ägypten schon im 3. Jahrtausend v. Chr. mit Zinn. Das Metall wurde in diesem Zeitraum auch in China und Indien bekannt. Im 2. Jt. v. Chr. wurde Zinn in England, in den Minen Devon und Cornwall, gewonnen.

Ein altgriechischer Geschichtsschreiber Hekataios von Milet (ca. 560 bis 480 v. Chr.) gab uns eine detaillierte Beschreibung dieser Lagerstätten. Er nannte eine sagenhafte Inselgruppe vor der britannischen Küste, von welcher das Zinnerz kam: Kassiteridin – eine Ableitung vom griechischen Wort Kassiteros – Zinn. Diese Lagerstätten waren für Römer einer Hauptquelle (im Mittelalter wurde Zinn von dort in alle europäischen Länder geliefert). Jedoch sind altgriechische und altrömische Gegenstände aus Reinzinn sehr selten gemeinsam anzutreffen.

Aus Kupfer und Zinn – beides sind ziemlich weiche Metalle – entstand eine harte, rotgoldene Legierung – Bronze, welche nicht nur für Schmuck und Arbeitsmittel, sondern auch für die Waffenherstellung genutzt wurde. Der Begriff „Bronzezeit" bezieht sich ausschließlich auf die umfangreich verwendeten Ausgangswerkstoffe. Im Mittelalter wurden aus Zinn Geschirr und Schmuck hergestellt, und im 16. Jh. wurden in Mexiko Münzen aus Zinn geprägt. Später wurde Zinn hauptsächlich zur

Herstellung von Weißblech verwendet. Dieses Metall mit reicher, langjähriger Geschichte ist bis heute gefragt geblieben. Aktuell wird Zinn für die Entwicklung von Legierungen, die Herstellung von Weißblech (für Verpackungen der Lebensmittel), im Lot für Elektronik, aber auch für die Akkuherstellung verwendet. Im Maschinenbau wird Zinn für die Herstellung spezieller Legierungen benutzt, um den Abrieb bzw. Verschleiß von Maschinen und Mechanismen zu reduzieren.

Bleierner Sonnenuntergang von Rom

Blei wurde seit dem 3. Jahrtausend v. Chr. bekannt und gehört zusammen mit Gold, Silber, Kupfer, Eisen und Zinn zu den 7 Metallen, die die Menschen im Altertum kannten. Die ältesten Bleigegenstände wurden in Form kleiner Statuen, Schreibtafeln und Hausgegenständen bei archäologischen Ausgrabungen in Mesopotamien gefunden. Eine detaillierte Ausführung über dieses Metall, welches bei Alchimisten und Astrologen dem Planeten Saturn entspricht, wäre in ihrem Umfang Homers

„Odyssee" ähnlich. Es ist sicher, dass diese Geschichte nicht weniger dramatisch sein würde als die Abenteuer der altgriechischen Helden.

Sie kennen bestimmt die Legende, wie die Gänse Rom retteten. Einmal entschieden die Gallier (ein Volk, das im heutigen Frankreich und Belgien lebte), nach Rom zu gehen und es anzugreifen. Alle Bürger von Rom schliefen und hörten nicht, dass der Feind nah kam. Nur die heiligen Gänse beim Tempel von Juno Lucina, der Göttin der Geburt, spürten, dass etwas nicht stimmte. Ihr lautes Geschnatter warnte die Bürger Roms und informierten sie, dass die Gallier bald ankommen würden. Wenn die Römer die Mauern und die Tore nicht gestärkt hätten, wäre die Stadt erobert werden. Obwohl damals für Rom alles gut endete, existierte das größte Römische Reich einige Zeit später schon nicht mehr. Was war der Grund für Roms Untergang?

Das alte Rom wurde mit Blei vergiftet! Zu dieser Schlussfolgerung kamen die amerikanischen und kanadischen Toxikologen. Nach ihrer Meinung führte eine

Verwendung von Bleigeschirren, bleihaltiger Kosmetik und Weinen zu chronischen Bleivergiftungen und dem Aussterben der römischen Aristokratie, der Elite der Gesellschaft. Als Beweise dienten bei archäologischen Ausgrabungen gefundene menschliche Knochen mit hoher Bleikonzentration und bleierne Vorratsgefäße. Hierzu ein Beispiel: Im alten Rom betrug der Bleiverbrauch etwa vier Kilo pro Einwohner im Jahr. Heute in den USA entspricht der Bleiverbrauch circa zwei Kilo pro Einwohner im Jahr. Die Klassenunterschiede zwischen Aristokratie und Plebs waren im Rom sehr groß, deswegen litten die armen Leute viel seltener an Bleivergiftungen, weil sie kein teures Geschirr und Kosmetik aus Blei zur Verfügung hatten.

Die Geschichte wiederholte sich Jahrhunderte später, indem eine Vergiftung der Patrizier durch Bleiwasserleitungen tausende Kilometer weg von Rom stattfand. Die Stadt, in der sich diese Geschichte ereignete, heißt auch Rom, genauer gesagt „Drittes Rom". So wurde in Russland die Stadt Moskau genannt. 1633 wurde im

Wasserzugturm (früher Swiblow-Turm) des Moskauer Kremls ein Wasserreservoir gebaut, welches von innen mit Bleiplatten abgedichtet wurde. Durch die Bleirohre wurde Wasser mittels einer Pumpe mit Pferdeantrieb aus dem Fluss Moskwa ins Wasserreservoir gepumpt und von dort durch die Bleirohre in die Paläste, königlichen Bäder, die Hofgärten und auch in die Hofämter des Kremls weitergeleitet. Jeder Verbraucher hatte ein eigenes kleines Wasserreservoir. Besonders giftig war Wasser früh morgens, weil dies die ganze Nacht in den Bleileitungen stillgestanden hatte. Die Merkmale der chronischen Bleivergiftung sind Amnesie, Apathie und Kraftlosigkeit. Die Menschen sehen älter aus, und degenerieren geistig und physisch schneller. Einige solche Merkmale beobachteten die Zeitgenossen bei den Zaren Fjodor III. (1661-1682) und Iwan V. von Russland (1666-1696). Obwohl eine mögliche Bleivergiftung keine Einflüsse auf die geistigen Fähigkeiten von Zar Fjodor III. hatte, verspürte er keine Lebensfreude. Er sah viel älter aus, war immer kraftlos und krank, und verstarb jung.

Zar Iwan V. von Russland war körperlich schwach und galt als geistig minderbemittelt, unfähig zur aktiven, besonders staatlichen Tätigkeit. Permanent sprach er Gebete und fastete. Mit 27 Jahren sah er aus wie ein alter Mann und starb im Alter von 30 Jahren gelähmt.

Dem Zar Peter den Großen ist dieses Schicksal erspart geblieben, weil er außerhalb des Moskauer Kremls geboren wurde und aufwuchs. Im Jahr 1706 wurden die Bleirohre aus der Wasserleitung des Kremls nach seiner Anordnung herausgenommen und nach Sankt Petersburg transportiert. Vermutlich benötigte der Zar Peter der Große das Blei für die Geschosse und die Kartätschen, weil bekannt ist, dass die Rohre der ersten Wasserleitung in Sankt Petersburg aus durchbohrten Baumstämmen hergestellt wurden. Sie versorgten die Paläste und Brunnen des Sommergartens mit Wasser aus dem Fluss Newa. Man kann nur spekulieren, wie die russische Geschichte ausgesehen hätte, wäre Peter der Große mit Blei vergiftet worden.

Die Bleilagerstätten befinden sich auf den Territorien

Römischer Bleibaren mit Stempelung aus Spanien.
1. Jh. v. Chr. Historisches Museum, Basel, Schweiz.

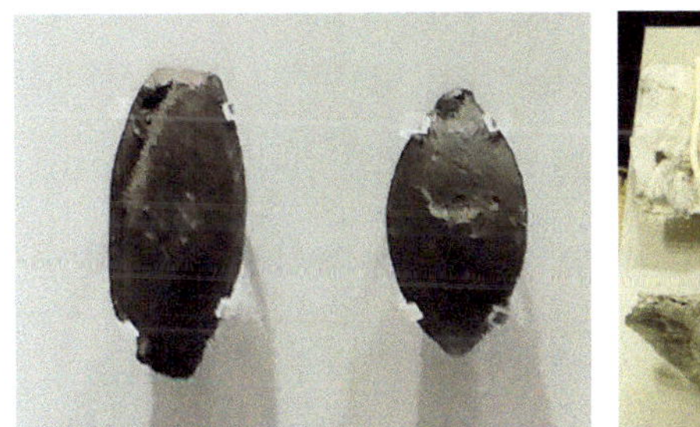

Links: Scheudergeschosse aus Blei. 3.-2. Jh. v. Chr.
Archäologisches Museum, Iraklion, Kreta.

Rechts: Fragmente der Bleiverkleidung des Rumpfes. Das
Wrack von Kirenia sank um 300 v. Chr. Schiffsmuseum,
Kirenia, Zypern.

vieler Länder, vor allem in Russland, Australien und Kasachstan. Blei ist ein Element von 80 verschiedenen Mineralien wie Galenit, Cerussit und Anglesit. Die Zusammensetzungen der Bleierze schließen viele andere Metalle wie Gold, Silber, Arsen und Bismut ein. Der Prozess der Bleierzeugung wird anhand eines bestimmten Schemas durchgeführt. Dies schließen die Förderung und die Zerkleinerung des Erzes, seine Anreicherung mittels verschiedener Verfahren, Schichtenvorbereitung, Rösten, Schmelzen, Feuerraffinierung des Rohmetalls und seine elektrochemische Bearbeitung ein. Blei wird vor allem durch das Schmelzen der Blei-Zink- und Kupfer-Blei-Zink-Erze gewonnen. Diese Metalle kommen üblicherweise in der Natur zusammen vor.

Ungefähr 40% des Bleies wird durch die Bearbeitung sekundärer Rohstoffe gewonnen. Es wurde schon früher gesagt, dass metallisches Blei und alle seine Verbindungen für den Menschen sehr giftig seien, deswegen muss jedes fertige Produkt, welches Blei enthält, speziell entsorgt werden. Heute werden von Wissenschaftlern moderne Technologien entwickelt, die eine effiziente Bearbeitung des giftigen Produktes ermöglichen. Sekundäre Rohstoffe werden in der Regel zur Herstellung von unterschiedlichen Legierungen verwendet.

Das Mineral Galenit (bekannt als Bleiglanz) ist seit der Antike ein Hauptrohstoff, um Blei und Silber zu gewinnen. Eine der ältesten Bleigruben befindet sich in Ägypten an der Ostküste des Roten Meers. Die archäologischen Funde weisen darauf hin, dass Galenit im Alten Ägypten auch zum Schminken benutzt wurde. Die alten Griechen gewannen Galenit auf den Inseln Rhodos und Zypern, und um circa 1500 v. Chr. began sein Abbau durch die Sklaven in Lavrion (Griechenland). In dieser Zeit hatten die meisten Stollen einen so engen Querschnitt, dass man sich darin nur kriechend fortbewegen konnte. Dadurch hatten sie gleichzeitig aber den Vorteil, dass keine Absicherung der Stollen benötigt wurde und somit der Abbau der Erze schneller voranging. In Lavrion gingen um etwa 450 v. Chr. die ersten Gesetze in Kraft, die die Bergarbeiten regelten.

Seit Anfang des 4. Jhs. v. Chr. und besonders im 1.-2. Jh. n. Chr. wurden große Bleimengen von Römern in Spanien, Gallien und England gewonnen. Die silberhaltigen Bleierze wurden auch in Deutschland in der Region Schwarzwald abgebaut. Noch heute kann man dort Reste der frühmittelalterlichen Erzminen sehen.

Im ältesten Verfahren der Bleigewinnung röstet man die schwefelhaltigen Bleimineralien im Ofen, um Bleioxid zu erhalten. Danach wird dieses mit Zusatzkomponenten geschmolzen und zum Metall reduziert. Im modernen Verfahren wird zerkleinertes Bleierz durch Erhitzen im Ofen und Luftzufuhr zu Bleioxid oxidiert. Danach wird dieses in einem Hochofen durch Koks oder Kohlenstoffmonoxid zu metallischem Blei reduziert. Im unteren Teil des Ofens sammelt sich Blei, und oben schwimmen die viel leichteren Schlacken.

Gold und Silber, die sich in der Regel im Bleierz befinden, werden während der sogenannten Kupellation von anderen Verunreinigungen getrennt. Blei wird durch die Luftzufuhr zu flüssiger Bleiglätte (Bleioxid) oxidiert. Die

Bleiglätte wirkt auf die meisten Verunreinigungen als Lösemittel. Die auf den Metallklumpen schwimmende Flüssigkeit wird allmählich von der porösen Wand des Schmelzgefäßes (sogenannte Aschenkupelle) aufgesaugt. Entscheidend ist der Gehalt der Aschenkupelle an extrem harter, und im Zusammenwirken mit der Tonmatrix, flüssigkeitsaufnehmender Knochenasche (Knochenapatit). Flüchtige Metalle wie Arsen rauchen bei dieser Prozedur ab. Übrig bleibt eine Gold-Silber-Legierung, sogenanntes „Blicksilber". Die gleichen Schmelzgefäße für Gold und Silberreinigung – Kupellen – sind den Archäologen gut bekannt: Die Wände der Kupellen sind mit Blei gesättigt, deswegen erhalten sie sich gut in der Erde. Die Funde der Edelmetalle und des Bleis in Anatolien (vom 3. Jt. v. Chr.) weisen darauf hin, dass die Menschen, die damals lebten, mit dem Kupellationsverfahren vertraut waren.

In der Antike wurde Blei als Metall betrachtet, das eine magische Kraft hat. Die Priester des Alten Griechen-lands benutzten dünne bleierne Plättchen als „Symbol der

Macht" auch in der „Weißen Magie". Diese Plättchen mit Texten oder magischen Formeln dienten, um einen bösen Geist abzuschrecken und wurden ins Grab des Verstorbenen hineingelegt. Wichtige Angelegenheiten wurden auf Bleiplättchen mit einem scharfen Metall- oder Knochenstift geschrieben. Ein altgriechischer Geograph Pausanias, der im 2. Jh. n. Chr. lebte, erwähnte in seinem Werk „Beschreibung Griechenlands" (dieses Werk ist nach wie vor ein wichtiges Hilfsmittel in der Archäologie) das Epos von Hesiod (um 700 v. Chr.), welches auf Bleiplättchen geschrieben wurde. Die Plättchen aus Blei hatten bestimmte Vorteile gegenüber anderen Materialien, weil sie den Umwelteinflüssen standhielten und somit die schriftliche Informationen länger erhalten blieben. Später, schon im Mittelalter, hielten die Alchemisten daran fest, dass im Blei ein Dämon sitze, weil sich bei dem Bleischmelzen giftige Gase bildeten!

Bereits in der Antike wussten die Menschen, dass die sessilen Organismen, wie z.B. Weichtiere, die die Schiffs-rümpfe besiedelten, keine giftigen Bleioxide mögen. Darum bedeckten die Menschen ihre Schiffe mit Bleiplatten, um die Besiedlung von Schiffsrümpfen durch Weichtiere zu verhindern. Blei ist weich genug, um es auf holzigem Untergrund hämmern zu können. Diese Technik wurde von Archäologen bestätigt und dokumentiert. Lange Zeit war diese Schutztechnik der Griechen und der Römer in Vergessenheit geraten. Erst im 16. Jh. wurde in Spanien eine ähnliche Methode angewandt. Statt Bleibleche wurde eine spezielle bleihaltige Farbe, Bleiweiß benutzt.

Seine hohe Toxizität und Aufnahmefähigkeit von Schwefelwasserstoff schränkte den Gebrauch von Bleiweiß ein. Es ist bekannt, dass Bilder und Ikonen, die mit Bleifarben gemalt sind, mit der Zeit dunkler werden: Unter der Einwirkung der Mikromenge des Schwefelwasserstoffes, der sich in der Luft befindet, bildet sich auf der Oberfläche ein dunkles Bleisulfid. Wenn man dieses Bild mit einer verdünnten Lösung von Wasserstoffperoxid oder Essigsäure abwischt, werden die Farben wieder heller. Die Seeleute, die in der Nähe der Pazifikküste Lateinamerikas unterwegs waren (wie zum Beispiel an der Küste von Peru, wo Wasser mit Schwefelwasserstoff angereichert ist), kannten die Arbeit des „peruanischen Malers" zur Genüge. So heißt scherzhaft eine Erscheinung, die uneingeweihten Schiffsgäste verwundert und befremdet: Das Schiff, welches am Abend zuvor noch schneeweiß war, ist am Morgen völlig schwarz. Wie man bereits weiß, trägt Blei in diesem Fall die Schuld, weil die Bleifarbe mit Schwefelwasser unter Bildung von tiefschwarzem Bleisulfid reagiert.

Im Laufe vieler Jahrhunderte wurde Bleiweiß in der Kosmetik verwendet. Bis zum 19. Jh. diente es als Hauptpigment einiger öl- und wasserlöslicher Farben. Rubens, Rembrandt und Leonardo da Vinci verwendeten das Bleiweiß in ihren Gemälden. Besonders mochten die Impressionisten dieses Pigment. Auf alten Gemälden ist das Pigment sehr stabil, fest mit dem Bindemittel verbunden und stellt keine Gefahr für Gesundheit der Menschen dar. Da diese Anstrichfarben früher oft noch von den Malern selbst gemischt werden mussten, war es für diese jedoch gefährlich, weil der feine Bleistaub in der Luft schwebte.

Wir sind an weiße Statuen in unseren Museen gewöhnt und wissen meist nicht, dass die Griechen grelle Farben mochten und ihre Kunstgegenstände bemalten: die nackten Körperteile in der Körperfarbe, Kleidung in Rot und Blau und die Waffen in Goldfarbe. Die griechischen Künstler haben sich der gelben und roten Bleioxide und des Bleiweißes, besonders von der Insel Rhodos, bedient. Es gibt eine schöne Legende, die erzählt, dass die Erfindung der bleihaltigen Farbe zufälliger Feuersbrunst auf einem Schiff im pyrenäischen Hafen bei Athen zu verdanken ist.

Im pyrenäischen Hafen, wo ein Frachtschiff mit Bleiweiß strandete, breitete sich Feuer aus. In diesem Moment befand sich in der Nähe ein Maler. Da er wusste, dass sich auf dem Schiff Farbe befand, kletterte er auf das brennende Schiff in der Hoffnung, einen Topf mit der Farbe retten zu können; die Farben waren damals sehr teuer und schwer zu beschaffen. Der Maler und der Reeder waren sehr verwundert gewesen, als sie in den angebrannten Tontöpfen eine dichtere grellrote Masse statt Bleiweiß entdeckten. Der Maler nahm einen Topf mit, verließ das Schiff und begab sich in seine Werkstatt. Die rote Farbe, die sich in Folge des Röstens von Bleiweiß entsteht, wurde später als „Mennige" benannt.

Die Verwendungsmöglichkeiten von Blei und seinen Legierungen sind sehr vielfältig. Schon im alten Rom wurde Blei für Wasserleitungen, Waffen, Gefäße, Dachbedeckung und Keramikglasur verwendet. Als Munition wurde Blei schon viel früher entdeckt und zur Verbreitung von Feuerwaffen benutzt. Aus der biblischen Geschichte kennt man die legendären Steinschleuder, mit der David den riesigen Philister Goliath besiegte. Im 1. Samuel 17:49 heißt es: „Dann fuhr David mit seiner Hand in seine Tasche und nahm daraus einen Stein und schleuderte ihn, sodass er den Philister an der Stirn traf, und der Stein drang in seine Stirn ein, und er fiel auf sein Angesicht zur Erde."

Archäologische Ausgrabungen im Nahen Osten brachten große Menge an Schleudersteinen zutage. Die Schleuder konnte auf jeden Fall genauso tödlich wie ein Bogen sein. Geschickte Krieger schwangen ihre Schleudern zum Teil mit solcher Kraft, dass die Geschwindigkeit der Steine bis zu 240 Stundenkilometer erreichte. Das war eine einzigartige Fernwaffe, die sich aufgrund ihrer einfachen Bauweise und der Vielfältigkeit ihrer anwendbaren Technik von der Antike bis ins Hochmittelalter weit verbreitete. Aber nicht alle wissen, dass man neben Steinen Wurfgeschosse aus Blei verwendeten, welche mittels einer Schleuder geschossen wurden. Sie stellten eine militärische Weiterentwicklung formgleicher Geschosse aus Stein oder gebranntem Ton dar.

Im 6. Jh. v. Chr. wurden aus Blei gegossene Schleudergeschosse zum ersten Mal erwähnt. Alles schließt darauf hin, dass seit Anfang des 4. Jhs. v. Chr. sdie Krieger der griechischen Inseln mit bleiernen Schleudergeschossen ausgerüstet gewesen sein mussten. Da diese Geschosse eine Eichelform hatten, wurden sie im Römischen Reich als glans („Eichel") oder auch als glans plumbea („Bleieichel") bezeichnet.

Heutzutage sind die chemischen Stromquellen (Batterien und Akkus) der wichtigste Anwendungsbereich von Blei. Im 1859 entwickelte der französische Physiker Gaston Planté die erste aufladbare Batterie – den Bleiakkumulator. In den letzten 150 Jahren wurde eine gigantische Menge dieser einfachsten und gleichzeitig zuverlässigen Geräte zum Akkumulieren und Speichern der elektrischen Energie verwendet. Ungefähr ein Drittel der Bleigewinnung in der Welt (in einigen Ländern bis zu 75%!) wird für deren Herstellung verwendet.

In unserer Zeit stiegt Anwendung von Blei und seinen Legierungen auch als Zementzugabe, für Glasherstellung, in der Medizin, als Zugabe im Benzin, Lot und in unterschiedlichen technischen Dingen und sogar in Nahrungsmittelindustrie. In diesem Zusammenhang erinnere ich mich an den Untergang der Expedition des englischen Polarforschers Sir John Franklin, indem die ganze

Mannschaft ums Leben kam.

Diese Tragödie ereignete sich in der Mitte des 19. Jhs. und zeigte, wie eine Bleivergiftung den physischen Gesundheitszustand und die geistige Fähigkeit des Menschen zerstören kann.

Am 19. Mai 1845 stachen zwei Schiffe „Erebus" und „Terror" mit einer Mannschaft von 130 Seeleuten und Offizieren unter Leitung des Admirals Franklin an der Themse-mündung in See. Die Aufgabe der Expedition war die als bedeutender Seeweg angesehene Nordwest-passage vom Atlantischen Ozean in den Pazifik (von Europa nach Asien) zu durchsegeln und zu kartieren. Voll Eifer, die nordwestliche Durchfahrt aufzufinden, fuhr Sir John Franklin, selbst inzwischen 59 Jahre alt, auf den Schiffen „Erebus" und „Terror" aus England ab. Die beiden bewährten Schiffe wurden nach einem modernen Technikstand ausgerüstet und eingerichtet: Die Schiffs-rümpfe waren mit Eisenblechen verkleidet, unter den Kabinen der Schiffe gab es eine Wasserheizung. Das waren die Dampfschiffe, die auch

Segel hatten. Jedes Schiff hatte eine eigene Bibliothek mit insgesamt 1200 Büchern und eine Drehorgel mit 50 Melodien. Die Seeleute hatten Geschirr aus Porzellan und Silber. Die Schiffe wurden mit einem Vorrat an Lebensmitteln inklusive einiger tausend Konservendosen und Getränken für drei Jahre eingedeckt. Anfang Juli fand ein Treffen der Expedition mit zwei Walfängern in der Baffin Bay statt. Danach sind alle Spuren der Expedition plötzlich verschwunden: Als ob sich 130 Menschen in Luft aufgelöst hätten. Niemand kehrte zurück. Die Öffentlichkeit beruhigte sich erst einige Jahre später, und es wurde jedem, der die Mannschaften des Erebus und Terror aufspürte, eine Prämie von zwanzigtausend Pfund versprochen. Mehrere Dutzend Rettungsexpeditionen ergaben kein positives Ergebnis. Erst im Jahre 1851 wurden auf der Beechey-Insel drei Gräber entdeckt, worin drei Matrosen Franklin's bestattet waren. Noch 1854 erzählte ein Eskimo, dass er die englischen Seeleute gesehen hätte, wie sie sich langsam und nur mit Mühe fortbewegten und ihre Schiffe vom Eis zerquetscht wurden. Es bestand kein Zweifel mehr über das Schicksal der Expedition mehr, als eine schreckliche Entdeckung eines Beibootes mit zwei Leichen gemacht wurde. Ihre Polarkleidung war komplett in Ordnung; in den Händen hielten sie die Bockflinten. Recht merkwürdig waren die Ausrüstungsgegenstände, die im Boot gefunden wurden. Sie entsprachen wenig der Extremsituation, in welche diese Leute geraten waren: Unter diesen Umständen waren seltsam anmutendes Silberbesteck, parfümierte Seife, seidene Taschentücher, Kämme und Bürsten, sechs Bücher, fünf goldene Uhren, etwas Tee, 40 Pfund (ca. 18 Kilogramm) Schokolade und ein Schreibtisch. Eine Rekonstruktion der Geschehnisse erfolgte erst später.

Im Jahr 1981 – etwa einhundert Jahre später – beschäftigte sich der kanadische Wissenschaftler Owen Beattie mit der Aufarbeitung des Geheimnisses um das Verderben der John Franklin-Expedition. Seine ersten Analyseergebnisse der Knochen waren schockierend: Der Bleigehalt lag deutlich über dem Normalwert eines gesunden Menschen. Es musste nun bewiesen werden, dass der größte Teil der Mitglieder der Polarexpedition wirklich mit Blei vergiftet wurde. Dafür wurden im Jahr 1986 die Knochenfunde von drei gut erhaltenen Leichen auf der Beechey-Insel und weiteren auf der King-William-Insel untersucht. Der Permafrost mumifizierte die Körper der Toten, deswegen waren sie in einem guten Zustand. Eine Leiche hatte einen breiten langen Schnitt – wahrscheinlich führte der Schiffsarzt eine pathologische

Untersuchung durch und versuchte noch damals, die Todesursache festzustellen. Das Körpergewicht eines anderen Expeditionsmitgliedes lag bei etwa vierzig Kilo. Eine Analyse von Haaren, Knochen und Gewebe ließ keinen Zweifel daran, dass es sich um eine Bleivergiftung handeln musste. Die Mannschaft von John Franklin ist den normal aussehenden Konservendosen, welche mit Blei gelötet wurden, zum Opfer gefallen. Blei löste sich in den Konserven ab, und mit jeder Mahlzeit lagerte sich Blei im Organismus ab und verschlechterte somit den gesundheitliche Zustand der Seeleute.

Wenn Blei nur aus Konservendosen zum Verderben von hundert Menschen führen kann, kann man sich gut vorstellen, was mit den Römern geschah, weil sie systematisch Wasser aus Bleileitungen und Bleigeschirr zum Essen und Trinken benutzten.

Menschen schützen sich gegen Vergiftungen durch Blei oder Bleiverbindungen. Blei hat jedoch auch eine schützende Eigenschaft: Es schluckt alle Arten von Gamma- und Röntgenstrahlen. Deshalb findet es Anwendung als Material für Strahlenschutzausrüstungen in Radiologie, Atomwirtschaft und in der Forschung. Man wird überrascht sein, wenn man die Schürze oder die Handschuhe eines Radiologen in die Hand nimmt: Die ausgesprochen schwere Röntgenschutzkleidung wird überwiegend aus Blei oder Bleiverbindungen hergestellt. In den Kobalt-Kanonen, welche für die Behandlung der bösartigen Tumore verwendet werden, versteckt sich ein Teilchen des radioaktiven Kobalts in einem Bleimantel. Die Bleischirme verwendet man in der Kernenergetik und Kerntechnik. Vor den Röntgenstrahlen schützt auch ein Glas, welches Bleioxide enthält. Durch ein Durchsichtfenster kann man die Arbeit eines Roboters mit radioaktiven Materialien beobachten. Eine ähnliche, manchmal sogar höhere Bedeutung besitzen Bleiverbindungen, die ein Metall vor schädlichen atmosphärischen Gasen und Feuchtigkeit schützen. Diese Verbindungen, wie zum Beispiel das Bleiweiß, werden in der Zusammensetzung der Lacke eingesetzt. Sie besitzen eine Reihe nützlicher Eigenschaften: Stabilität gegen Licht- und Lufteinflüsse und ein dauerhafter Film auf der geschützten Oberfläche.

Einzigartiges in der Welt flüssige Metall

Wenn wir an Metall denken, so fallen uns vor allem Stahl, Gold, Silber und andere harte, glänzende Materialien ein. Doch es gibt ein einzigartiges Metall in der Welt, welches bei Zimmertemperatur flüssig ist: Das ist silbrig-glänzendes Quecksilber. Dieses Metall hat eine ungewöhnliche Eigenschaft: Sobald es leicht erwärmt wird, dehnt es sich sehr stark aus. Da Quecksilber bereits auf die kleinste Temperaturänderung reagiert, wurde es früher in allen Thermometern verwendet.

Die Körpertemperatur messen oder sich erkundigen, wie kalt es draußen ist – das kann alles mithilfe eines kleinen Gerät gemessen werden, eines Thermometers. Die Konstruktion eines Thermometers ist unterschiedlich: Es gibt flüssige, mechanische, elektronische, optische oder gashaltige Thermometer. Das bekannteste Thermometer ist das Quecksilberthermometer. Ein solches Gerät war sicher früher in Ihrem Haus. Das Wort „Grad", welches wir oft verwenden, auf Latein bedeutet „Schritt" oder „Stufe". Wenn die Körpertemperatur eines Kranken steigt, steigt die Höhe der Quecksilbersäule im Thermometer an, wie die Stufen einer Treppe. Wenn es kälter wird, senkt sich diese Säule auch ab. Das Thermometer hat eine Skala, auf der die Gefrier- und Siedepunkte von Wasser als Fixpunkte (0 und 100 Grad) festgelegt sind und welche die Volumenänderung von Quecksilber zwischen diesen Punkten in 100 gleiche Abschnitte aufteilen.

Das Quecksilberthermometer wurde von dem deutschen Physiker Daniel Gabriel Fahrenheit (1686-1736) erfunden. Sein Name trägt die nach ihm benannte Temperaturskala, die bis heute in den USA benutzt wird. In Europa wird eine andere Temperaturskala verwendet, die von dem schwedischen Wissenschaftler Anders Celsius (1701-1744) erfunden wurde. Temperaturen in Grad Fahrenheit kann man ohne große Schwierigkeit in Grad Celsius umrechnen lassen. Die Gründe, warum Fahrenheit das Quecksilber für sein Thermometer auswählte, waren die einzigartigen Eigenschaften dieses Metalls. Quecksilber befindet sich in einem flüssigen Zustand bei Temperaturen von -39°C bis +357°C. Es reagiert kaum mit Glas, erhöht sein Volumen beim Erhitzen und senkt es beim Abkühlen ab. Jedoch versucht man heute, für die Thermometer auf andere Stoffe zuzugreifen, da Quecksilber hochgiftig ist. In einem Quecksilberthermometer befindet sich weniger als ein Gramm Quecksilber. Bei Raumtemperatur entspricht das einem Kügelchen mit einem Durchmesser von etwa 5,0 Millimeter. Zum ersten Mal wurde das Quecksilbergewicht von einem englischen Naturforscher Robert Boyle im Jahre 1627 gemessen; ein Liter Quecksilber wiegt 13,6 Kilo – diese Zahl ist bis heute gültig. Das zeigt, wie schwer Quecksilber ist. Wenn das Thermometer zufällig zerbricht, wird Quecksilber vor allem wegen seiner Dämpfe gefährlich. Über die ungewöhnlichen Eigenschaften des Quecksilbers schreibt der französische Autor Jules Verne in seinem Roman „Die Abenteuer des Kapitän Hatteras":

„Auf den alten Johnson wirkten nur die folgenden Worte, die der Doktor Clawbonny ihm aus des Herzens Überzeugung zurief: „Morgen werde ich den Bären erlegen!"

„Morgen", sagte Johnson, der aus einem schweren Traume zu erwachen schien.

„Morgen!"

„Sie haben keine Kugel!"

„Ich werde eine machen."

„Sie haben kein Blei!"

„Nein, aber Quecksilber."

Nach diesen Worten ergriff der Doctor das Thermometer. Es zeigte jetzt im Eishause fünfzig Grad über Null (+10°C hunderttheilig). Der Doctor ging hinaus, legte das Instrument auf eine Eisscholle, und kam bald wieder herein. Die äußere Temperatur war fünfzig Grad unter Null (-46°C hunderttheilig).

„Also auf morgen", sagte er zu dem alten Seemanne.

„Jetzt schlafen Sie und erwarten ruhig den Sonnenaufgang."

Unter den Qualen des Hungers verstrich die Nacht; nur der Rüstmeister und der Doctor konnten sie durch einen schwachen Hoffnungsschimmer etwas mildern. Beim ersten Tageslicht machte sich der Doctor, dem Johnson folgte, schon hinaus und lief zum Thermometer. Alles Quecksilber hatte sich in das untere Gefäß zurückgezogen und bildete einen kompakten Zylinder. Der Doctor zerbrach das Instrument und zog daraus, mit Handschuhen wohl bedeckt, ein wirkliches, kaum hämmerbares Stück Metall hervor, einen wahren Barren.

„O, Herr Clawbonny“, rief der Rüstmeister erfreut, „Das ist wunderbar! O, Sie sind ein großer Mann!“

„Nein, lieber Freund, ich bin eben nur ein Mensch mit gutem Gedächtnis, der viel gelesen hat.“

„Was wollen Sie damit sagen?“

„Ich erinnerte mich eben einer Bemerkung des Kapitän Roß aus dessen Reiseberichten. Er hatte ein zolldickes Brett mit einer Kugel aus gefrorenem Quecksilber durchschossen.“

„Das ist unglaublich!“

„Aber es ist doch so, Johnson. Da, dieses Stück Metall uns möglicherweise das Leben retten kann, lassen wir es bis zum Gebrauch an der Luft liegen und sehen zu, ob uns der Bär nicht bereits verlassen hat.“

Lassen wir uns einmal sehen, was Quecksilber ist, wie es gewonnen wird und welche besonderen Eigenschaften es besitzt. Dank seiner Farbe wurde Quecksilber von Römern als „Argentumvivum“ oder „flüssiges Silber“ bezeichnet. Das Metall kommt in der Natur nicht in flüssiger Form vor, sondern als kleine Tropfen in anderen

Erzen – auch in den eigenen Mineralien: Ein häufig vorkommendes ist rötliches Quecksilbersulfid – Zinnober. Dieses wurde seit der Antike als Naturpigment verwendet. In der Industrie gibt es keine Alternative zum Quecksilber, weil kein anderes Metall bei Zimmertemperatur flüssig ist! Quecksilber geht mit sehr vielen Metallen – außer beispielweise Eisen und Platin – anhand der Bildung von Legierungen Freundschaften ein, die sogenannten Amalgame.

Bedeutende Quecksilberlagerstätten befinden sich in Italien, China, Kanada, Mexiko, in den USA und Ländern Mitelasiens. In Russland werden Quecksilbererze im Transbaikal-Gebiet, auf Kamtschatka, Altai und dem Kaukasus abgebaut und ausgearbeitet. In Spanien wurde Quecksilber vor über zweitausend Jahren gewonnen. Hier findet man circa 75% der Weltressourcen an Quecksilber vor. Früher wurde Quecksilber aus dem Erz durch ein direktes Rösten gewonnen. Bei diesem Verfahren tropfte es in spezielle Gefäße. Heute gibt es verschiedene Verfahren für die Ausarbeitung der Quecksilberlagerstätten. In einem wird Gestein in den Stollen durch Sprengungen abgebaut und auf die Erdoberfläche gebracht. Danach findet ein Rösten bei höheren Temperaturen statt, und das flüssige Quecksilber wird aus entstehenden Dämpfen gewonnen. In einem anderen Verfahren werden heißen Gase (bis 1000°C) in die Stollen gepumpt. Zuerst geht Quecksilber in die Gasphase über, dann kühlt es sich ab und sammelt sich als ein Kondensat, welches an eine Fabrik geschickt wird, damit reines Metall gewonnen werden kann.

Zinnober wurde schon um 15. Jh. v. Chr. in der ägyptischen Heilkunst verwendet. Noch mehr verließen sich die altägyptischen Priester auf die magischen Eigenschaften von Quecksilber. Sie befüllten zum Beispiel ein kleines Gefäß mit Quecksilber und ließen dieses am Hals der Mumie des Pharao anlegen. Sie meinten, dass Quecksilber den Herrscher nach seinem Tod schütze. Die armen Ägypter vertrauten ebenfalls auf die Hilfe des Quecksilbers und trugen die kleinen Fläschchen mit Quecksilber.

Quecksilber Mineralien: Zinnober mit Kalomel.

Direkte Gewinnung von Quecksilber aus dem Erz.

Salben, die Quecksilberverbindungen erhielten, wurden von antiken Ärzten im Nahen Osten und in Griechenland bei der Behandlung unterschiedlicher Krankheiten benutzt. An die heilvollen und magischen Eigenschaften des hellroten Zinnobers glaubte man im Alten China und in Indien. Man glaubte, es handle sich um Drachenblut. Seit der Antike bis zum heutigen Tag verwenden Stomatologen in ihrer Praxis Silberamalgame (Silber-Quecksilber-Legierungen). Im Mittelalter versuchten die Alchemisten, aus Quecksilber und Schwefel Gold herzustellen. Wegen seiner hohen elektrischen Leitfähigkeit findet Quecksilber heute eine breite Anwendung in der Herstellung von speziellen Schaltungen und Beleuchtungsgeräten. Die Salze des Quecksilbers verwendet man bei der Produktion verschiedener Waren von antiseptischen Mitteln bis zum Sprengstoff.

Obwohl festgestellt wurde, dass Quecksilber sehr giftig ist, diente es für längere Zeit als Heilmittel. Im menschlichen Organismus schadet Quecksilber den Atemwegen, dem Nervensystem, der Leber und den Nieren.

Eigenschaften wie Geruchslosigkeit und Dampfbildung machen es besondere gefährlich. Wenn Quecksilber im menschlichen Organismus einmal aufgenommen ist, bleibt es dort und summiert sich bei neuerlicher Einnahme. Quecksilber darf man in keinem Fall mit bloßen Händen berühren oder seine Dämpfe einatmen. Heutzutage heilt niemand mehr mit Quecksilber – und weiter noch: Heute versucht man, seine Verwendung in der Medizin grundsätzlich zu vermeiden. Schon relativ niedrige Quecksilbermengen können zu schweren körperlichen Schäden führen.

Erinnern Sie sich an den verrückten Hutmacher namens Jervis Tetch aus dem Märchen von Lewis Carroll „Alice im Wunderland?" Solche „Hutmacher" existierten früher tatsächlich. Das Problem war, dass Filz, den man in der Hutherstellung verwendeten, mit Quecksilbersalzen bearbeitet wurde. Quecksilber sammelte sich langsam im Organismus des Hutmeisters, das einen traurigen Nebeneffekt der Hutherstellung zur Folge hatte, nämlich eine schwere Quecksilbervergiftung mit typischen chronischen Psychosyndromen wie Demenz. Mit anderen Worten waren Hutmacher oft psychisch krank.

Da die Umwelt mit Quecksilber vergiftet werden kann, wurden im Jahr 2009 Gesetze über ein Teilverbot der Verwendung von Quecksilberthermometern von einigen europäischen Ländern in Kraft gesetzt. Seit 2014 wurde dessen Verwendung in der Industrie komplett verboten.

Schutz für Metalle und Arzneimittel für Menschen

Das erste Zink tauchte wahrscheinlich als Messing in einer Legierung mit Kupfer um 1000 v. Chr. auf. Da die Herstellung von reinem Zink etwas schwierig ist, dauerte es ziemlich lange, bevor man feststellte, dass es sich dabei um ein eigenständiges Metall handelte. Reines Zink wurde nach 500 v. Chr. in Persien hergestellt, danach auch in China und Indien. Zink ist nach dem Produktionsvolumen das international wichtigste Buntmetall und findet breite Anwendung in verschiedenen Bereichen.

Zink gibt es in der Natur nicht im gediegenen Zustand; es wird durch Bearbeitung der Erze von Buntmetallen hergestellt. Meist befindet sich Zink im Mineral Sphalerit: Es handelt sich dann um eine sogenannte Zinkblende (eine chemische Verbindung aus Zink und Schwefel), welche neben Zinkschrott als der wichtigste Rohstoff für die Zinkherstellung dient. Viele Länder besitzen Zinkerze, aber die größten Reserven befinden sich in Australien, Russland, USA, China und Kasachstan.

Um metallisches Zink zu gewinnen, wird das Zinkerz in einigen Stadien ausgearbeitet, die die Erzanreicherungen einschließen. In der Nähe von Minen, wo das Zinkerz im Tief- oder Tagebau abgebaut wird, stehen deshalb Anlagen, in denen der Zinkgehalt des Erzes (5 bis 15%) auf etwa 55% im sogenannten Konzentrat erhöht wird. Das abgetrennte zinkarme Gestein bleibt an Ort und Stelle. Danach wird das erhaltene Konzentrat geröstet, geschmolzen, und das Rohmetall elektrolytisch weiter zum reinen Zink verarbeitet.

Der beliebteste Bereich der Zinkverwendung ist die Beschichtung von Stahlkonstruktionen, um diese vor

Korrosion zu schützen. Wasserleitungen, Dachmaterialien, Autoteile, usw. – alle oder die meisten dieser Gegenstände haben Zinkbeschichtungen. Für diesen Zweck werden fast 50% des gewonnenen Zinks verwendet. Eine Zinkschicht schützt das Metall sicher vor den Einflüssen der Luft sowie dem Meer- und Bodenwasser. Weitere ungefähr 20% des Zinks werden zur Legierungsherstellung wie Messing (Kupfer-Zink-Legierung) verwendet.

Zink ist ein wichtiges Mikroelement, welches im Blut und im Muskelgewebe vorkommt. Ein Zinkmangel wurde dem Diabetes sowie Hautkrankheiten zugeschrieben. Zink kann allerdings auch schädlich sein, weil es die Aufnahme von Eisen, Kupfer und Calcium behindert. Einige Zinkverbindungen (Sulfid, Sulfat) sind zudem toxisch. Im Jahre 1981 wurde in einer Region Japans ein Ausbruch einer schweren Krankheit des Stütz- und Bewegungsapparates registriert. Die durchgeführte Untersuchung zeigte, dass die Ursache der Krankheit der Reis war, welcher auf den Feldern angebaut wurde, die mit Zinksulfid belastetem Wasser begossen wurden.

Jedoch wird Zink als ein wenig schädliches Metall für die Gesundheit der Menschen betrachtet. Noch mehr: Klinische Untersuchungen zeigten, dass Zink für die Eiweißsynthese notwendig ist. Es blockiert zudem Viren und stoppt deren Vermehrung. Heutzutage werden zinkhaltige Tabletten und Pulver als Arzneimittel gegen Erkältung und Grippe verwendet.

Metalle bei Alchimisten.

Scharlatane oder Wissenschaftler?

Die Alchemie ist eine ungewöhnliche Vorläuferwissenschaft unserer modernen Chemie, welche eine nicht weniger als zwei bis drei Jahrtausende alte Geschichte hat. Sie war ursprünglich eine orientalische Geheimlehre, die erst im Mittelalter nach Europa gebracht wurde. Es ist sehr schwierig, ein genaues Datum und den Ort der Erscheinung der Alchemie zu nennen. Das kann Ägypten oder China, Griechenland oder der Mittlere Osten sein. Es ist bekannt, dass Ägypter sich von Alchemie mitreißen ließen, und im Alten China gab es Erörterungen über Materie und eine Möglichkeit, Metalle umzuwandeln.

Die echte Alchemie erschien bei den Griechen, den Arabern und den Byzantinern und drang im 7. Jahrhundert in das von Arabern eroberte Spanien und Südfrankreich ein. Seitdem hatte die Alchemie einen großen Einfluss auf die Pharmakologie Westeuropas. Unter den Alchemisten fanden sich jedoch nicht nur echte Wissenschaftler, sondern auch Scharlatane, Diebe und geriebene Gauner. Sie versuchten oft, leichtgläubige und gierige Herrscher zu betrügen. Es wurden viele Geschichten über Scharlatane geschrieben, welche sich das Vertrauen von geizigen Monarchen und Fürsten erschlichen. Es handelte sich um Herrscher unterschiedlicher Sorten: starke und schwache, reiche und arme, kluge und dumme, aber immer gierige und neidische. Oh, wie schnell leerten die Alchemisten ihre Geldbeutel! Einige solcher Herrscher, die ihre Phantasie und ihre Habgier nicht zäumen konnten, verloren ihren Verstand und ihr ganzes Vermögen.

In der Zeit des größten Dichters und Schriftstellers des Mittelalters, des Italieners Dante (1265-1321), hatten Alchemisten einen sehr schlechten Ruf. Er verspottete sie in seinem großen Versepos „Göttliche Komödie" und zeigte Gestalten zweier geiziger Quacksalber.

Unter den Alchemisten trafen sich auch besessene Sonderlinge, welche nur an Gold dachten. Sie meinten, dass man Gold aus tierischen Produkten erzeugen könne,

Nachgestellte Alchemistenwerkstatt in der Burg Bentheim.
Im 17. Jahrhundert gab es dort tatsächlich ein alchemistisches Laboratorium.

deswegen nahmen sie für ihre Versuche ganz ungewöhnliche, manchmal abscheuliche Stoffe. Beispielsweise glaubten sie, dass, wenn Blei in einer Suppe gekocht werde, die die Zunge eines schwarzen Kalbs enthielte, das von einer graubraunen Kuh in der Nacht während eines Neumondes geboren wurde, würde sich das gekochte Blei sofort in einen Goldbarren verwandeln.

Man sieht das alchemistische Laboratorium im Burg Bentheim. Was wurde dort tatsächlich gemacht? Wie kann man sich einen alchemistischen Prozess in der Praxis vorstellen? Was war eine geheimnisvolle, überaus wertvolle Tinktur? Dieses Laboratorium war erstklassig ausgestattet.

Auf der linken Seite erkennt man den Alchemisten, der mit Büchern am Tisch sitzt. In der Mitte befindet sich ein Probierofen, in welchem der Helfer des Alchemisten ein Experiment durchführt. Mit der linken Hand bedient er den Blasebalg, um einen konstanten Luftstrom im Ofen zu erzeugen. Er beobachtet einen Prozessablauf und betrachtet den Zustand der Stoffe, welche im Tiegel geschmolzen werden. Links und im Vordergrund des Bildes sind ein Gießpuckel zu erkennen und zahlreiche Probierscherben zur Kupfer-Eisen-Trennung. Darüber hinaus sieht man zahlreiche Muffeln, Scheidkolben und vieles andere mehr, was eindeutig belegt, dass hier eine Probierkunst auf höchstem Niveau zur Ausführung gelangte.

In Büchern und Zeitschriften findet man viele Geschichten, aus welchen man schlussfolgern kann: Wenn jemand einen Stein nach einem Alchemisten werfen wollte, gab es dafür viele Gründe. Natürlich finden sich unter diesen Geschichten viele Märchen. Der bedeutendste unter den Alchemisten war zweifellos Arnold von Villanova (1240-1311). Durch ihn erfuhr die Alchemie eine zukunftsweisende Neuinterpretation.

Villanova behaupte, er habe den „Stein der Weisen" gefunden, welcher Quecksilber in Gold umwandeln könne. Hier muss man betonen, dass der „hervorragende Wissenschaftler, unvergleichliche Magier und Große Alchemist" Villanova ein schlauer Scharlatan war. Er berichtete nicht nur über den „Stein der Weisen", sondern auch über ein „Lebenselixier". Dieses zauberhafte Elixier war nichts anderes als schlecht raffinierter Alkohol. Dieser brachte die Leute, die diesen Trank einnahmen, wirklich in rosigste Stimmung. Natürlich wusste Villanova selbst, dass er seinen leichtgläubigen Zeitgenossen einen schlechten Traubenwein anbot!

Die Alchemisten waren der Ansicht, dass Metalle keine einfachsten Stoffe seien. Sie schlossen einige Elemente ein: zum Beispiel bestehe Kupfer zu gleichen Teilen aus Schwefel, Quecksilber und Salz. Gold bestehe aus sehr flüchtigem Quecksilber und hellem Schwefel. Es sei angemerkt, dass für Alchemisten Schwefel, Quecksilber und Salz keine konkreten Stoffe, aber auch keine abstrakten Begriffe waren. Sie beriefen sich auf konkrete Eigenschaften der Materien. Quecksilber war das Symbol eines Metalls mit seinem Glanz; Schwefel bestimmte die Farbe des Metalls, und das Salz war kein drittes Element, sondern eine Verbindungsmethode zwischen Schwefel und Quecksilber.

Schon Hippokrates beschrieb eine medizinische Verwendung von Auripigment. Im Mittelalter wurde dieses Mineral von Ärzten wie auch Alchemisten verwendet. Da das Mineral eine gelbe Farbe hatte, dachten die Alchemisten, man könne aus diesem Gold bekommen. Messing, eine Legierung aus Kupfer und Zink, nannten Alchemisten „künstliches Gold". Da die Messingoberfläche bereits nach kurzer Zeit grün war, versuchten die Alchemisten, das gebildete Korrosionsprodukt – Patina wie eine Krankheit mit Salben und Flussmitteln zu heilen. Die Hauptkomponente dieser „Arzneimittel" waren Schwefel, Arsen, Quecksilber und Antimon.

Zwischen Alchemisten waren auch Wanderärzte, die Werbung für Arzneimittel gegen alle Krankheiten machten: von Hautblasen bis zur schwarzen Pest. Nicht alle Leute konnten nach einer Einnahme solcher „Arzneimittel" überleben. Auch die Entwickler der Arzneimittel hatten Konsequenzen zu tragen: Nachdem ein Burgbesitzer, der ein alchemistisches Arzneimittel ausprobiert hatte, und wieder gehen konnte, ging er auf den schwachen Beinen in den Keller hinab, um dort den Alchemisten persönlich zu foltern. Andere wurden verhaftet und zu lebenslangen Gefängnisstrafen verurteilt.

Der berühmte Schweizer Arzt und Alchemist Paracelsus (1493-1541) war der Ansicht, dass Alchemie eine Wissenschaft sei, welche als Ziel nicht die Transmutation von Metallen und Herstellung des künstlichen Goldes habe, sondern die Produktion von Arzneimitteln aus Naturprodukten, vor allem aus Metallen. Paracelsus verwendete Salben aus Quecksilbersalzen, die Blei und seine Salze enthielten, oder auch Eisen, Zink und auch Salben mit Arsen für die Heilung von Kranken. Für seine Arznei zerkleinerte und vermischte er Gold, Steine und Pflanzen mit Wein und Blut. Paracelsus hatte Gold als ein Mittel gegen Infektionskrankheiten, eitrige Wunden bzw. Lepra gepriesen. Allgemein wurde Gold in verschiedenen Pulvern als Arznei zur Herzstärkung und gegen Epilepsie eingesetzt. Das berühmteste Präparat von Paracelsus war „Mercurius vitae". Es handelte sich um Antimonöl (Antimontrichlorid), welches mit Wasser zum

Antimonoxichlorid reagierte. Antimonpräparate wurden als „Purgationsmittel" verwendet. Sie „reinigten" den Körper durch Erbrechen, Stuhlgang, Schwitzen und Wasserlassen. Es wurde aus Quecksilber und Sublimat in einer Sublimationsapparatur auch ein nicht sehr giftiges, aber effektives Antibiotikum sublimiert: Kalomel, oder wie Paracelsus es nannte, „Mercurius dulcis". Als richtungsweisend erwies sich jene zweite Art der Alchemie, die Paracelsus vor 500 Jahren begründet hat: Die Chemiatrie war eine Wissenschaft über die Verwendung von Mineralstoffen für medizinische Zwecke und wurde gelegentlich auch Iatrochemie genannt.

Im großen geistigen Umbruch vom Mittelalter zur Neuzeit gehörten die Alchemisten zu den fortschrittlichen Kräften, die bezweifelten, dass alle Erkenntnis sich nur aus dem Wort Gottes, also aus der Bibel, speisen könne, wie die Kirche es lehrte.

Indem die Alchemie das kirchliche Verbot, die Natur zu erforschen und mit ihr zu experimentieren, missachtete, trug sie – obwohl selbst noch keine Wissenschaft im heutigen Sinn – dazu bei, naturwissenschaftliche Erkenntnisse zu gewinnen, wenn auch in sehr kleinen Schritten. Das neu erworbene Wissen der Alchemisten über die Natur führte im 18. Jahrhundert schließlich von der mysteriösen Alchemie zur rational forschenden Chemie und Pharmazie.

Dank der Alchemisten wurden Metalle von Ärzten für therapeutische Zwecke verwendet. Man kann sagen, dass die Chemiatrie eine Basis der modernen Pharmazie war. Selbstverständlich stellte hier Gold das wichtigste Metall dar. Im Mittelalter spielte dies nicht nur die Rolle eines Edelmetalls, sondern auch für die Arzneimittelvorbereitung in der Pharmazie, wo Religion, Mystik und Alchemie vermischt wurden. Alchemisten wollten den „Stein der Weisen" bekommen, um alle Naturkräfte der Erde zu konzentrieren und unedle Metalle in Gold umzuwandeln. Außerdem glaubten Alchemisten, dass der „Stein der Weisen" ein universales Arzneimittel sei, der nicht nur alle Krankheiten heilen könne, sondern auch das menschliche Leben vor dem Tod schütze. Der „Stein der

Weisen" war ein „Vorgänger" der Goldtropfen (sie enthalten kein Gold!), die man noch heute als Herz- und Kreislaufmittel kaufen kann.

Der Name des englischen Naturforschers Isaac Newton ist allen bekannt. Es wissen aber nicht alle, dass er an der Alchemie sehr interessiert war und sich über 20 Jahre mit der Alchemiekunst beschäftigte – nicht weniger konzentriert und fleißig als mit Mathematik und Physik. Alchemie war für Newton eine experimentelle Wissenschaft und eine Suche nach einer Methode der Umwandlung von Rohmaterial in Gold. Sie war für ihn ein Verfahren der Welterkenntnis. Er versuchte, Naturgeheimnisse zu erforschen.

Heute erinnert sich praktisch niemand daran, dass in der Zeit, als Gauner unter der Maske der Alchemisten nach Methoden suchten, wie sie ihre geizigen Mäzene betrügen konnten, die echten Alchemisten hartnäckig auflösten, destillierten, durchbrieten und hunderte Stoffe schütteten. Ergebnis ihrer Untersuchungen waren großzügige, manchmal zufällige Erfindungen. Für einige

Wissenschaftler waren sie die letzten Erfindungen, denn wenn man in einem Versuch Kohlenstoff, Schwefel und Salz der Salpetersäure zusammen mischt, bildet sich ein Stoff, welcher dem Schießpulver sehr ähnlich ist! Viele Alchemisten beendeten ihr Leben also mit einer grandiosen Explosion.

Obwohl die Hypothesen und Theorien von Alchemisten oft keine experimentellen Bestätigungen besaßen, kann man ihnen nicht ihr Recht auf die ersten Beschreibungen der verschiedenen Stoffe – inklusive der Metalle – wegnehmen. Sie erzielten nebenbei bedeutende Fortschritte in der Chemie. Viele der heute noch gebräuchlichen Arbeitsmethoden in der Chemie haben sich aus den alchemistischen Methoden entwickelt. Insbesondere die Methoden und Prinzipien der Reindarstellung standen im Zentrum des Interesses der Alchemisten. Ihre Ideen wurden bei der Herstellung von Glas, Arzneimitteln und Metallurgie verwendet. Viele chemische Geräte und Geschirre (Kolben, Trichter, Retorten usw.), die wir noch heute auf den Tischen der modernen chemischen Labors sehen können, schmückten in gleicher Form alchemistische Labore. Diese Geräte und Vorrichtungen, die von Alchemisten erfunden wurden, halfen der Wissenschaftsentwicklung. Die Alchemisten fanden nämlich die wichtigen Säuren, diverse Salze sowie viele metallische und organische Verbindungen. Obwohl sie kein Gold erzeugen konnten, wurde zum Beispiel Anfang des 18. Jahrhunderts von dem Alchemisten Johann Friedrich Böttger ein Verfahren der Porzellanherstellung entwickelt! Wenn viele von ihnen am „Stein der Weisen" interessiert waren, lag das nicht ausschließlich an der angeblichen Fähigkeit des Steines, unedle Metalle in Gold umzuwandeln: In diesem Stein sahen sie vor allem ein Heilmittel gegen alle Krankheiten sowie ein Mittel für die Lebensverlängerung der Menschen. Das Ziel war, einen Zustand der Materie, der Welt und der Menschen zu schaffen, der alle wünschenswerte Eigenschaften in sich vereinigen sollte.

Neue Metallurgie: Erste Schritte zur Metallindustrie

Die größten Erfolge in der Technik sind mit der Metallgewinnung und vor allem mit der Stahlherstellung verbunden. Seine Produktion war und ist bis heute eine der wichtigsten Branchen der industriell entwickelten Länder. Obwohl das Eisenschmelzen von der Menschheit schon im 2. Jhr. v. Chr. erlernt wurde, musste man noch mehr als 2000 Jahre warten und den beschwerlichen Weg des Schmiedens gehen, bis dann im Übergang vom Mittelalter zur Neuzeit die moderne Hochofentechnik entwickelt wurde.

Mit Erfindung des Hochofens wurde die Eisenherstellung modernisiert: Eisenerz wurde bei einer Temperatur über 1000 Grad geschmolzen. Der Ofen hatte eine Höhe bis 30 Meter. Deswegen sehen die untenstehenden Menschen wie Altpriester aus, die sich vor ihrem Feuergott verbeugen. In den Ofen wurden schichtweise Eisenerz und Koks gegeben. Nach jeder Erzschicht folgte eine

Koksschicht, um die Temperatur im Ofen immer konstant zu halten. Starke Blasebälge, die von Wassermühlen betrieben wurden, erhöhten die Temperatur im Ofen bis 1300°C. Das Erz fing an zu schmelzen, und Eisen, sogenannte Eisenluppe, floss auf den Boden des Ofens ab. Anschließend folgte nicht etwa ein sauberes Gießen von glühendem Eisen, sondern ein Aufheizen der Eisenluppe sowie das stundenlange Trennen von Schlacke und darin fein verästeltem metallischem Eisen mit Hilfe der Hammerbearbeitung.

Dies konnte mechanisch geschehen: Im glühend heißen Zustand wird die Schlacke durch Hämmer ausgetrieben, und das Metall komprimiert, bis ein zum überwiegenden Teil aus Eisen bestehender Barren entsteht. Dies einzig und allein, weil in der ganzen prähistorischen, antiken und frühgeschichtlichen Zeit der Alten Welt die Schmelztemperatur des reinen Eisens von über 1500°C nicht erreicht werden konnte. Aus dem abgekühlten Schmelz des Gusseisens konnten Rohre, Gefäße und Küchenherde produziert werden. Aber vor allem diente es der Waffenherstellung, welche sich permanent verbesserte.

Der Prozess der Stahlherstellung beginnt mit dem Schmelzen von brüchigem Gusseisen. Was ist der Unterschied zwischen Gusseisen und Stahl? Das Gusseisen ist eine chemische Verbindung, welche das Element Eisen enthält. Aber auch Stahl enthält Eisen. Beide – Gusseisen und Stahl – sind Eisenlegierungen mit Kohlenstoff und anderen Elementen. Nur wenn sich in der Legierung mehr als 2% Kohlenstoff befindet, ist es Gusseisen, wenn weniger, handeltes sich um Stahl. Das Gusseisen unterscheidet sich vom Stahl durch seine Eigenschaften: Es ist hart, aber sehr spröde. Das Gusseisen kann man nicht schmieden und schweißen; es zerbröckelt bei der Bearbeitung mittels Schneidwerkzeugen. Im Gegenteil zu Stahl besitzt das Gusseisen bessere Gießeigenschaften.

Deswegen werden aus Gusseisen fertige, großvolumige Formen gegossen, welche keine weitere Bearbeitung brauchen. Stahl dagegen lässt sich relativ schlecht gießen, aber sehr gut schmieden. Das ist der Hauptunterschied!

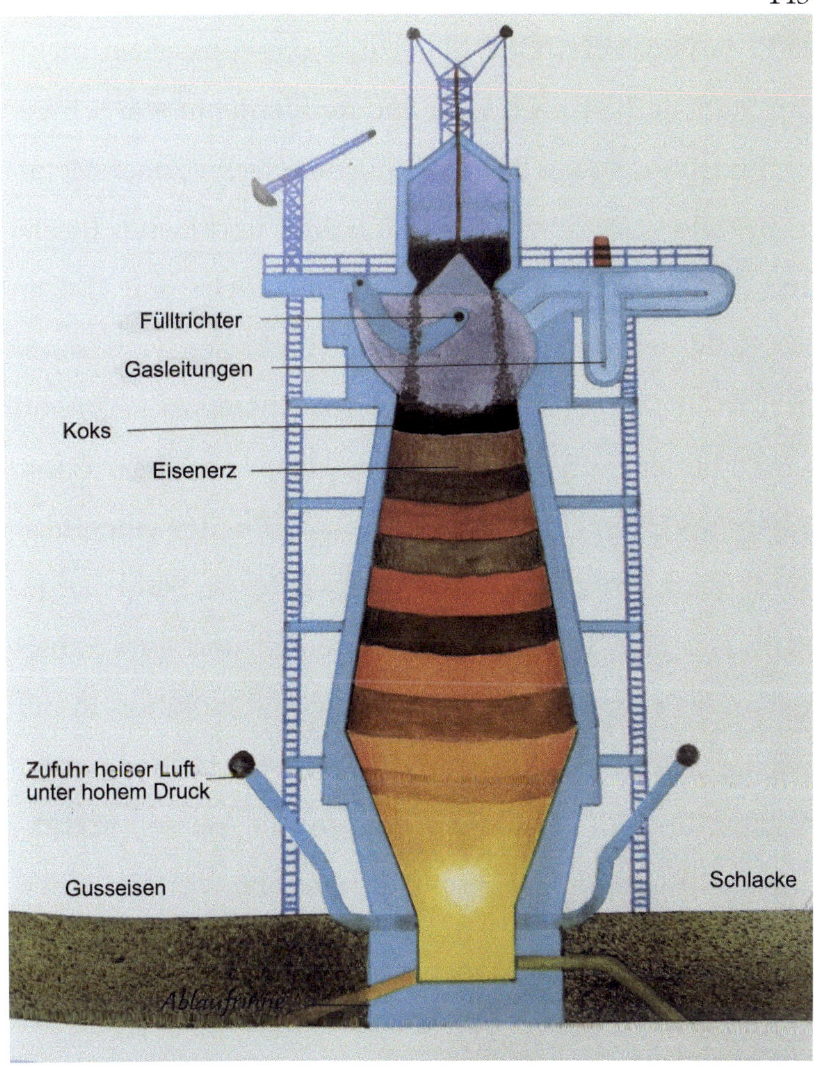

Schematische Darstellung eines Schachtofens.

144

Stahl besitzt eine hohe Elastizität, das Gusseisen nicht! Der Stahl enthält noch viele andere Elemente wie Schwefel, Phosphor sowie Beimischungen verschiedener Metalle. Sie alle verändern die Stahlqualität und lassen Bleche und Schienen, Schiffe, Zuge sowie Nadeln und Bolzen aus Stahl anfertigen. Wenn durch Einblasen von Sauerstoff überschüssiger Kohlenstoff im Gusseisen verbrannt wird, bildet sich schmiedbares, aber weiches Eisen. Indem ins Eisen eine kleine Kohlenstoffmenge eingeführt wird, wird ein zäher, aber ziemlich fester Stahl hergestellt. Das alles brauchte aber seine Zeit und gute Fähigkeiten des Schmiedes. Die industrielle Revolution in der zweiten Hälfte des 18. Jahrhunderts und besonders der Anfang des 19. Jahrhunderts war auf die Massenproduktion des Stahls angewiesen, da das alte Verfahren der Stahlherstellung nicht zur Versorgung geeignet war. Ein neues Verfahren oder ein Prozess der Stahlherstellung im industriellen Maßstab musste her.

In der Mitte des 19. Jhs. hat der britische Ingenieur und Erfinder Henry Bessemer ein Verfahren konzipiert, welches die Massenproduktion von Stahl gewährleistete. Bessemer begann nach einer Methode zur Stahlerzeugung zu suchen, welche einen Zwischenschritt zum Erhalten des „weichen Eisens" ausschloss. Um aus dem Gusseisen zusätzlichen Kohlenstoff zu entfernen, wird im Bassemers Konverter (Ofen in der Form eines großen Tiegels) die Luft durch das geschmolzene Metall aufgeblasen. Man stoppte an einem ganz bestimmten Zeitpunkt die Luftzufuhr und erhielt somit billigen Stahl.

Später wurde die Technologie der Stahlherstellung stark verbessert. Es wurden andere Prozesse entwickelt, die besser als das Bessemerverfahren waren. Eine Alternative zu dem Konverter-Verfahren war das Siemens-Martin-Verfahren, welches nach den berühmten Brüdern Siemens und dem französischen Metallurgen Pierre-Emile Martin benannt wurde. Als Brennstoff diente im Siemens-Martin-Ofen (das war eine Kurzbezeichnung des Prozesses) das Gas. Dieses wurde in speziellen Kammern zusammen mit Luft erwärmt und in den oberen Teil des Ofens geführt. Es brennt und lässt dadurch für eine längere Zeit die höhere Ofentemperatur und somit die Temperatur der Stahlschmelze halten. Dabei wird der Kohlenstoff nicht nur durch den Sauerstoff aus der Luftmischung verbrannt, sondern auch durch die Eisenoxide, die als Erz oder Eisenschrott in die Schmelze gegeben werden. Der Prozess der Stahlreinigung dauerte einige Stunden und ermöglichte es, einen bestimmten Kohlenstoff-Masseanteil im Stahl beizubehalten. Außerdem konnte man im Siemens-Martin-Ofen die Qualität des Metalls kontrollieren und benötigte Zutaten beigeben. So konnte man verschiedene Stahlmarken mit unterschiedlichen Eigenschaften erzeugen. Das Siemens-Martin-Verfahren ist ziemlich kompliziert, erlaubte jedoch eine Großschmelze und erzeugte im Vergleich zu dem Bessemerverfahren aus Eisenschrott einen teuren, aber hochwertigen Stahl. Deswegen war das Siemens-Martin-Verfahren zur Stahlherstellung fast ein Jahrhundert lang die weltweit am häufigsten verwendete Technologie. Seit Mitte des 20. Jahrhunderts erfuhr das Bessemer-Verfahren eine Weiterentwicklung. Nach dem Zweiten

Weltkrieg wurden in den metallurgischen Betrieben gro-ße Anlagen zur Sauerstoffherstellung gebaut. Sauerstoff wurde im Konverter-Verfahren für das Durchblasen des Gusseisens verwendet. Es wurden zudem die Methoden der Temperaturkontrolle, der Probenabnahme und der Stahlanalyse verbessert. Da der Konverterprozess viel schneller als das Siemens-Martin-Verfahren war, erhöhte dieser die Arbeitskapazität und reduzierte die Kosten der Stahlherstellung. Heutzutage ist das Siemens-Martin-Verfahren durch das Sauerstoff-Konverterverfahren und das Elektroschmelzen des Stahls fast in der ganzen Welt ersetzt. Metallurgen verschiedener Länder versuchten, die Stahleigenschaften durch Zugabe von Metallen wie Mangan, Vanadium, Wolfram und Niob zu verbessern. Im Jahre 1910 entwickelte der amerikanische Erfinder Elwood Haynes die Legierung Stellit mit der Zugabe von Kobalt, Chrom und Wolfram, die sehr schnell eine breite Verwendung bei der Herstellung der Schneidwerkzeuge erfuhr. Im 1919 erhielt Haynes ein Patent auf rostfreien Stahl mit Chrom und Nickel. In dieser Zeit fanden auch neue Metalle wie Aluminium Verwendung. Dies ist ein Leichtmetall, das sich mühelos biegen lässt. Es wird aus dem Erzmineral Bauxit gewonnen, das in riesigen Steinbrüchen abgebaut wird. Um Aluminium zu gewinnen, wird das Roherz zu einer Raffinerie gebracht, wo es geschmolzen wird. Diesen Prozess nennt man Verhüttung. Das flüssige Aluminium wird zu flachen Metallplatten gegossen. Schritt für Schritt werden die Metallplatten in Tausende von Dosen für spritzige Getränke oder Lebensmittel umgearbeitet. Aluminium ist das am meisten verbreitete Metall in der Erde, die genug Bauxit für die nächsten 300 Jahre enthält. Es ist jedoch viel billiger, Aluminiumschrott erneut zu schmelzen, als es aus dem Erz zu gewinnen. Deshalb werden Aludosen jeglicher Art recycelt.

Nach altrömischen Überlieferungen soll irgendwann einmal im 1. Jahrhundert n. Chr. ein unbekannter Handwerker mit einem Geschenk vor den großen römischen Kaiser Tiberius getreten sein. Es wird gesagt, er hätte ihm einen Trinkkelch überreicht, der nicht nur außerordentlich schön gewesen sei, sondern auch erstaunliche Eigenschaften besessen hätte. Der Kelch sah wie Silber aus, sei aber viel leichter gewesen, und als ihn sein Schöpfer auf den Steinboden schleuderte, sei lediglich eine Delle zurückgeblieben, die der Schmied sofort mit einem kleinen Hammer entfernte. Diese Geschichte fand Eingang in die Werke des römischen Schriftstellers Petronius und des Historikers Plinius der Jüngere – einige Zeit nach Tiberius Tod im Jahre 37. n. Chr. Nach Petronius bestand der Kelch aus einer Art unzerbrechlichem Glas, und Plinius gibt an, es habe sich um eine glasartige Verbindung gehandelt, die äußerst biegsam gewesen sei. Woraus war dieser seltsame Kelch hergestellt worden? Auch Petronius und Plinius schienen sich darüber nicht im Klaren gewesen zu sein. Wie Aluminium hatte es eine silberne Farbe, war jedoch leichter als Silber. Es ließ sich verändern und formen, und auf Befragen verriet der Handwerker, er habe das Material aus Ton gewonnen – wie Aluminium. Falls es sich tatsächlich um Aluminium gehandelt haben sollte, so war der Schmied seiner Zeit um Jahrhunderte voraus. Dieses Metall kommt in der Natur nie in reiner Form vor, sondern nur in vielfältigen Verbindungen. Selbst heutzutage kann Aluminium nur mit Hilfe komplizierter Verfahren hergestellt werden. Tiberius Gästen musste also, sollte es sich um Aluminium gehandelt haben, eine andere, wesentlich einfachere Methode bekannt gewesen sein. Doch leider hat man sein Geheimnis nie erfahren. Da Tiberius fürchtete, das neue Metall könnte Silber und Gold wertlos machen, befahl er den Schmied zu enthaupten. Und so blieben die Götter weiterhin die alleinigen Hüter dieses Geheimnisses. Soweit bekannt ist, wurde Aluminium (aber nicht reines!) erstmals im Jahre 1827 von dem deutschen Chemiker Friedrich Wöhler gewonnen. In der Geschichte der Wissenschaft gibt es viele Beispiele, in denen ein Metall direkt nach seiner Erfindung sehr teuer war. Auch der Aluminiumpreis war zuerst sehr hoch: Nach Anordnung von Napoleon III., der in Frankreich im 1848-1870 regierte, wurde Geschirr aus Aluminium hergestellt. Während der feierlichen Essen wurden die Speisen auf Aluminiumgeschirr nur für den Imperator und seine Ehrengäste serviert; die Tische für die anderen Gäste wurden mit dem traditionellen Geschirr aus Gold und Silber gedeckt. Ein weiteres Beispiel erzählt von dem russischen Chemiker D.I. Mendelejew. Während seines Besuchs in London im Jahre 1889 bekam er eine Waage als ein hochwertiges Geschenk. Eine Schale der Waage wurde aus Gold hergestellt, die andere wurde aus dem damals teuersten Metall Aluminium gefertigt.

Fast 70 Jahre gingen bis ans Ende des 19. Jahrhunderts vorbei, als ein elektrolytisches Verfahren entwickelt wurde, um Aluminium zu gewinnen. Dieses Verfahren machte Aluminium so günstig, dass aus diesem Hausgeschirre und Haushaltsgeräte hergestellt wurden. Die wichtigsten Aluminiumeigenschaften sind die gute Korrosionsbeständigkeit sowie das deutlich niedrige spezifische Gewicht (Aluminium ist um circa dreimal leichter als Stahl) und eine höhere Festigkeit. Deswegen gewinnt Aluminium zunehmende Bedeutung als Konstruktionswerkstoff und hat in vielen Anwendungen die Stähle ersetzt. Sehr große Anwendungsfelder von Aluminium sind die Luftfahrt und der Automobilbau. Der Anteil an Aluminium in Fahrzeugkarosserien ist weiter steigend.

Ein anderes vielversprechendes Metall ist Titan. Dieses ist schwerer als Aluminium, aber leichter als Stahl. Im Sprachgebrauch unterscheidet man zwischen Leicht- und Schwermetallen. Als Grenzwert wird hier üblicherweise die Dichte des Titans mit 4,5 g/cm^3 herangezogen. Da es sehr fest ist und eine höhere Korrosionsbeständigkeit besitzt, ermöglichen diese Eigenschaften, dass Titan im Flugzeug- und Raketenbau, für den Bau von U-Booten sowie in der Herstellung von Geräten für die chemische Industrie verwendet wird.

Im 18. Jahrhundert dienten Untersuchungen von Luigi Galvani und Alessandro Volta zur Entwicklung einer neuen Methode in der Metallherstellung und Bearbeitung – der Galvanotechnik. Diese Technologien lassen Metalle und Legierungen aus wässrigen Lösungen für technische und dekorative Zwecke auf Metalle oder Kunststoffe abscheiden, auch um Eisen von Korrosion zu schützen. Das elektrolytische Verfahren verwendet man oft für die Reinigung schwerer Buntmetalle, vor allem für Kupfer, Blei und Zink. Im Jahre 1876 entwickelte der deutsche Chemiker Emil Wohlwill (1835-1912) das elektrolytische Verfahren für Kupferreinigung, welches sehr schnell in der Produktion eingeführt wurde. Seitdem wird die Elektrolyse in der ganzen Welt verwendet. In Hamburg installierte man in der Firma Norddeutsche Affinerie eine der größten elektrolytischen Anlagen der Welt, und in Moskau war von 1913 bis 1991 eine Kupferraffinerie in Betrieb, in der Kupferbarren zu hochreinem kathodischem Kupfer verarbeitet wurden.

Von Metallen zu Legierungen

Nur eine kleine Anzahl der Metalle hat wirtschaftliche Bedeutung und wird zur Herstellung technischer Werkstoffe genutzt. Die reinen Metalle werden in der Werkstofftechnik in den seltensten Fällen eingesetzt. Um bestimmte Werkstoffeigenschaften zu erzielen, werden Legierungen hergestellt.

Legierungen sind Materialien aus zwei oder mehreren Metallen mit unterschiedlichen Eigenschaften, die durch eine chemische Verbindung meistens mittels Schmelzens erzeugt werden. Viele Legierungen, wie zum Beispiel Mineralien kommen in der Natur ohne Einfluss der Menschen vor. Ein, nach chemischer Vorstellung, absolut reines Material kann man nur in einem Labor erzeugen. In jedem Metall, welches im Haushalt benutzt wird, gibt es Spuren anderer Elemente. Ein klassisches Beispiel ist unser Tafelgeschirr: Löffel, Gabeln und Messer werden häufig aus Stahl hergestellt – eine Eisenlegierung mit Kohlenstoff und Zugaben von Nickel, Chrom und Mangan.

Der Mensch konnte Legierungen schon im Altertum erzeugen. Zuerst waren es Kupferlegierungen mit Arsen, Nickel und Zinn. Die Menschen haben zudem intuitiv verstanden, dass durch eine Mischung verschiedener Steine bzw. Mineralien die Eigenschaften des hergestellten Stoffes (seine Farbe, Härte und Schmiedbarkeit) geändert werden konnten. Die erste Schmiede erfuhren, manchmal durch Zufall, was man hinzufügen musste, um die gewünschten Metalleigenschaften zu bekommen. Danach ließen die antiken Metallurgen die nützlichen Mineralien absichtlich mischen und zusammenschmelzen. So entstand Bronze – ein stabiles, langlebiges Material aus Zinn und Kupfer. Bronze wird durch Erhitzen geschmolzen und in eine Hohlform gefüllt, in der sie anschließend erstarrt. So konnten die vorgeschichtlichen Bronzegießer vielfältige Gegenstände produzieren. Danach mussten sie viel Mühe und Zeit in die Nachbearbeitung des Rohgusses investieren: Gusszapfen und Nähte abarbeiten, schneiden und einzelne Teile durch Treiben verformen.

Fast alle Gegenstände, die in der modernen Industrie verwendet werden, entstanden aus Legierungen. Heute wird mehr als 90% des Eisens in der Welt zur Erzeugung von Gusseisen und Stählen verwendet. Messing ist eine Legierung von Kupfer und Zink findet die breite Verwendung im Haushalt und in der Industrie. Diese Legierung befand sich schon in der römischen Produktionspalette, in der Messingwaren überwiegend aus gegossenen Artikeln bestanden. Durch Veränderung der Legierungszusammensetzung, zum Beispiel die Zugabe eines zusätzlichen Elementes, kann man die verschiedenen physikalischen und chemischen Eigenschaften, wie Wärmeleitfähigkeit und elektrische Leitfähigkeit sowie Korrosionsbeständigkeit verbessern. In jüngster Zeit benötigt man große Mengen an Leichtlegierungen, die eine erhöhte mechanische Festigkeit und Beständigkeit gegenüber Umweltfaktoren wie hohen Temperaturen besitzen. Diese Eigenschaften sind besonders wichtig in der Raumfahrt sowie in der Flug- und der Militärbranche. In diesen Bereichen werden Aluminium- und Magnesiumlegierungen häufig benutzt. Viele Legierungen aus diesen Metallen sind wirtschaftlich und langlebig, da sie korrosionsbeständig sind. Sie besitzen eine höhere Festigkeit bei niedrigen Temperaturen und lassen sich zudem ziemlich leicht bearbeiten.

Das Schicksal von Titan ist besonders ungewöhnlich und sein „Lebenslauf" ist nicht weniger originell. Sein Geburtsjahr: 1795. Das Jahr des Eintrittes in den Dienst: 1940. Genau in diesem Jahr wurde ein industrielles Verfahren der Titanherstellung entwickelt und somit begann die industrielle Verwendung der Titanlegierungen. Direkt nach dem Eintritt in den Dienst des Menschen zeigte Titan seine fantastischen Eigenschaften. Für die Raumfahrt braucht man Materialien mit ganz bestimmten Eigenschaften. Dank dem Wissen der Metallurgen kann man solche Materialien entwickeln und herstellen. Es ist bekannt, dass die größte Sorge der Weltraum- und Flugkonstrukteuren eine Reduktion des Gewichtes des Fahrzeugs oder des Flugzeugs bei gleichzeitigem Beibehalten von Festigkeit und Stabilität der Konstruktionselemente ist. Manchmal rechnen Wissenschaftler und Konstrukteure monatelang wie man das Gewicht auf einige Kilo reduzieren könnte. Es muss Gramm für Gramm berechnet werden: An einer Stelle wird eine Schraube entfernt, an einer anderen wird eine Verbindung geändert, in der dritten wird Metall durch Plastik ersetzt. Bei der Herstellung des Motors von Weltraumstationen ist eine besondere Materialeigenschaft wichtig, die Warmfestigkeit heißt, also dass ein Material ohne Formveränderung und Zerstörung bei hohen Temperaturen arbeiten kann. Die Verwendung von Titanlegierungen befreite Konstrukteure schon bald von der schweren Suche. Heutzutage werden Titanlegierungen mit Magnesium, Aluminium, Molybdän und Vanadium untersucht. Es ist sicher, dass diese Legierungen im Flugzeugbau die gleiche Wendung bedeuten, wie früher Aluminium.

Es gibt einige Legierungen wie Nitinol (eine Nickel-Titan-Legierung mit 55% Nickel und 45% Titan), die umgangssprachlich als „Memory-Metalle" oder „Formgedächtnismetalle" bezeichnet werden. Gegenstände aus diesen Legierungen können bei Raumtemperatur mit geringem Kraftaufwand verbogen werden. Über die Transformationstemperatur erwärmt, nehmen sie wieder die ursprüngliche Form an. Memory-Metalle fanden breite Verwendung beispielsweise in der Herstellung von Verbindungsbuchsen. Bei niedriger Temperatur ziehen sie sich zusammen, und bei Raumtemperatur dehnen sie sich aus. Dadurch kann man eine Verbindung viel zuverlässiger zusammenstellen als durch das Schweißen. Die Memory-Metalle werden vorwiegend für die typischen Anwendungen in Roboter-Aktoren und Ventilen verwendet.

Das am meisten verbreitete Verfahren der Legierungsherstellung ist ein Schmelzverfahren, welches seit der Antike fast keine Veränderungen erfuhr. Schon damals lernten die Menschen, überaus widerstandsfähigen Refraktärlegierungen herzustellen, was selbst in unserer Zeit eine ziemlich schwierige und aufwendige Prozedur darstellt. Heute werden für diese Zwecke öfter Methoden der Pulvermetallurgie verwendet.

Links: Barren Messing (Schiffwrack, Aleria, Ost-Küste von Korsika, Frankreich). Römische Kaiserzeit, 1.-Anfang 2. Jh. n. Chr. Bergbaumuseum, Bochum.

Rechts: Schriftsatz aus mit Antimon gehärtetem Blei. Landesbergbaumuseum in Sulzburg.

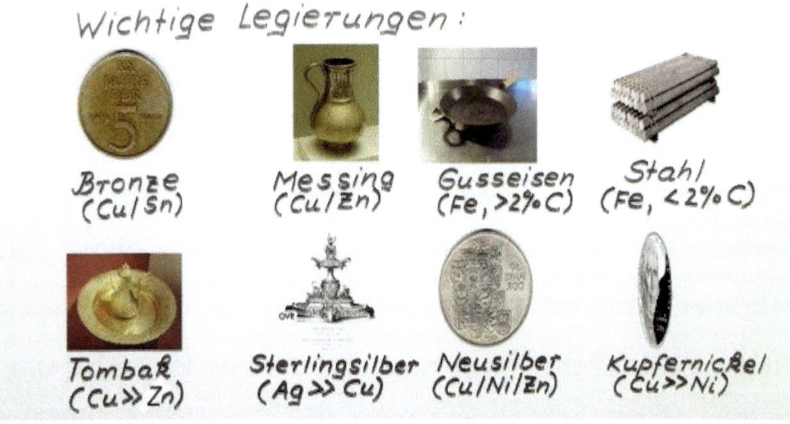

Legierungen. Quelle: Internet, www.sofatutor.com.

Pulvermetallurgie oder Sintern ist ein Verfahren zur Herstellung von Werkstoffen aus metallischen Pulvern. Das Verfahren besteht aus folgenden Stadien: Vorbereitung der Pulvermasse, deren Vermischung sowie dem In-Form-Bringen des gewünschten Werkstücks. Dies erfolgt entweder durch Verpressen der Pulvermasse oder Schwingung, um die Partikel des Ausgangsmaterials zu verdichten und Porenräume aufzufüllen. Als letztes wird eine thermische Behandlung – Sintern – durchgeführt.

Beim Sintern werden feinkörnige metallische Stoffe oft unter erhöhtem Druck erhitzt, wobei die Temperaturen jedoch unterhalb der Schmelztemperatur der Hauptkomponenten bleiben. Dabei werden sie miteinander in einem Sintermaterial fest verbunden, welches eine ganze Reihe neuer Eigenschaften besitzt. Sintermaterialien sind nicht so homogen wie Legierungen, aber beim Sintern kann man Stoffe benutzen und zusammenfügen, die bei anderen Verfahren schwierig oder gar unmöglich wären. Das Sintern wird für die Herstellung von Motorteilen, Bohrern, Fräsen usw. verwendet.

Dieses Verfahren ist nicht nur in der Metallurgie, sondern auch in der Keramikproduktion und Herstellung der synthetischen Materialien bekannt.

Die Schätze der städtischen Müllhaufen

Die Jagd nach Metallen hat bereits begonnen. Dabei reden die Fachleute von Abfällen – „städtische Lagerstätten" und von Metallgewinnung aus alten Geräten von städtischen Recyclingparks. Der Stadtmüll enthält viele Wertstoffe und ist – anders als früher – anziehend und teuer: Es handelt sich um Elektronikmüll wie z.B. Handys, Tablets, Flachmonitore, Rasiergeräte, elektrische Zahnbürsten und alle Geräte aus unserer Küche. Ständig werden neue Verfahren zur Rückgewinnung von wertvollen Stoffen aus weggeworfenen alten oder kaputten Geräten entwickelt. Es geht dabei nicht nur um Metalle der Seltenen Erden, deren Gewinnung besonders schwierig ist. Im Fokus stehen Metalle, deren Preise in den letzten Jahren stark gestiegen sind: Das sind Gold, Silber, Kupfer, Palladium, Kobalt und Lithium. Die privaten, kommunalen und gewerblichen Entsorgungsunternehmen befinden sich im direkten, oft sehr harten Wettbewerb.

Wegen höherer Strom-, Wasser-, Erdgas und Deponierungskosten, die bei der Metallgewinnung notwendig sind, ist sekundäre Metallverwendung viel gewinnbringender. Die Perspektiven der Verwendung von Alt-Metallen sind großzügig: Nur in Deutschland werfen circa 10 Millionen alte Handys pro Jahr aus. Aus 40 alten Handys kann man genau gleiche Goldmenge gewinnen, wie aus einer Tonne goldhaltigen Erzes. In Europa beträgt die sekundäre Verarbeitung von alten Elektro- und Elektronikgeräten etwa 15 Prozent. Heute werden viele funktionstüchtige elektronische Geräte absichtlich als kaputt deklariert und ins Ausland, vor allem nach Asien und Afrika, geschickt. Einige Geräte werden repariert und wiederverwendet, aber die meisten davon kommen auf einen riesigen Müllhaufen. Dort werden die Teile aus elektronischen Geräten von Bettlern und Obdachlosen auseinandergenommen und die Metalle durch ein primitives, fast immer gesundheitsschädigendes Verfahren herausgeholt. Tagelang werden diese Leute den giftigen Gasen ausgesetzt, um so durch Metallverkauf ihren

Lebensunterhalt bestreiten zu können. Auf eine solche unwirtschaftliche und umweltschädliche Weise richten Länder und Menschen großen Schaden an. Daher wird in diesem Kontext immer häufiger das Thema Umweltschutz angesprochen, um eine unsachgemäße Verarbeitung sekundärer Rohstoffe zu beenden.

In China, einem der größten Müllproduzenten der Welt, gab es bis vor kurzem keine separate Müllsammlung und -trennung. Abfälle aus aller Welt werden dorthin seit Jahrzehnten transportiert. Heute sind dort Zehntausende von Recycling-Unternehmen in diesem profitablen Geschäft beschäftigt. Der gesamte sortierte Müll geht an Spezialfabriken, wo er verarbeitet wird: Edelmetalle werden an Elektronik-Fertigungsanlagen geschickt, sekundäres Aluminium kommt in die Elektrotechnik und Automobilindustrie, und aus wenig wertvollen Materialien werden unterschiedliche Gegenstände, zum Beispiel metallisches Geschirr, hergestellt.

Die Metallkosten sind drastisch gestiegen. Was in den 1960-1970er Jahren weggeworfen wurde, hat heute einen neuen, hohen Preis. Steigender Metallkonsum und die Preisanstiege riefen nach einer neuen Lösung: „Wir fordern die Wiederverwendung von Metallen!"

Geheimnisse der Nanowelt oder etwas über Nanometalle

Wenn man alle Erfindungen der letzten Jahrzehnte im Nanobereich betrachtet, scheint es, als würden wir uns auf dem Gipfel der technologischen Zivilisation befinden. Aber wissen Sie, liebe Leserinnen und Leser, dass schon unsere Vorfahren diese Technologien, die wir bis heute nicht komplett verstehen können, beherrschten? Archäologische Funde bestätigen Versuche der Menschheit schon seit der Antike, Materialien mit vorgegebenen Atomstrukturen herzustellen. Es ist klar, dass damals diese Wörter niemand verwendete. Auch was Atom bedeutet, erfuhren die Menschen erst viel später.

Nach Angaben der amerikanischen Raumfahrtbehörde NASA untersucht sie derzeit die Fertigung von alter griechischer Keramik, welche mittels Nanotechnologie hergestellt wurde. Diese Technologie, die in Griechenland vor tausenden Jahren entwickelt wurde, will die NASA nun für verschiedene Anwendungen in der

168

Raumfahrt verwenden.

Schlagen wir die Bezeichnung „nano" in Wikipedia nach: „Nano" (von griechisch „nannos"/lateinisch „nanus" „Zwerg") bezeichnet als Teil einer Maßeinheit den milliardsten (10^{-9}) Teil. Eine solche Größe überrascht die meisten; diese große Anzahl von Nullen vor der Zahl erscheint unaussprechlich. Ein Beispiel: Zehn Nanometer oder ein Hunderttausendstel Millimeter... Um das zu veranschaulichen wäre das wie ein Meter im Vergleich zur Hälfte des Äquators. Der Begriff „Nano" und die verschiedenen Nanomaterialien kamen stürmisch in unser Leben: Endlich gibt es eine Möglichkeit, neue Materialien wie ein Häuschen aus Legowürfeln – Atom für Atom – mit allen nützlichen Eigenschaften zubauen.

Italienische Wissenschaftler berichteten über erste Erfolge bei der Untersuchung der alten Technologie der Vergoldung. Diese Technologie ist mehr als 2000 Jahre alt und ging im Mittelalter verloren. In der Antike und im Mittelalter wurde sie von den Meistern verwendet, um Gegenstände aus billigen Legierungen wie Statuetten vor

Umwelteinflüssen zu schützen oder Münzen zu fälschen. Besonders schwierig war eine Vergoldung von komplizierten Konturen, wie die Oberflächen von Altären in Kirchen. Als ein Beispiel dient die Oberfläche des Altars aus dem 9. Jahrhundert von Meister Volvinius in der Basilica Sant'Ambrogio in Mailand. Man erkennt deutlich, dass einzelne Elemente des Altars vergoldet und andere versilbert sind. Mittels moderner Analysemethoden wurde festgestellt, dass Volvinius ein für die Wissenschaft unbekanntes Verfahren der Abscheidung von Gold- und Silbernanopartikeln auf der Oberfläche verwendet hat.

Die Herstellung mehrfarbiger Gläser funktionierte auch nicht ohne Nanotechnologien und Nanomaterialien. Frauen trugen farbige Gläser als Schmuck in Ketten und Ohrringen, und im Mittelalter wurden die Kirchen, vor allem die gotischen Kathedralen, mit farbigen Fenstern geschmückt. Im 10.-12. Jh. erschienen in romanischen Kirchen in Frankreich und Deutschland Bleiglasfenster mit Motiven aus roten und blauen Glasstücken. Das durchdringende Licht reflektierte im Fensterglas und füllte das Kircheninterieur in eine geheimnisvolle Atmosphäre. Wenn wir eine Kathedrale besuchen, erklärt man uns, dass die einfachen Leute im Mittelalter die Bibel dank der Darstellungen auf den Kirchenfenstern kennenlernten. Die Motivpalette wurde wesentlich erweitert; außer traditionellen Begebenheiten aus dem Leben von Propheten und Heiligen schloss sie auch Szenen aus der europäischen Geschichte, der Könige und Königinnen und Wappen ein. Sehr oft wurden im Fenster mehrere vertikal aufgestellte Figuren untergebracht. Man hatte zu dieser Zeit gelernt, zur Herstellung der Fenster Stücke von farbigem Glas zu benutzen, die von Bleistegen zusammengehalten wurden. Besonders vermitteln diese Glasfenster noch heute einen Eindruck davon, wie farbig die Kathedralen und bestimmte Kirchen im Mittelalter waren.

Die farbigen Gläser stehen in enger Beziehung zur Nanotechnologie, da die Glasfarben durch die Zugaben kleinster Mengen von metallischen Nanopartikeln er-

Space Shuttle Atlantis landung at the KSC following STS-122. Wikipedia, Space Shuttle Atlantis. NASA/Chuck Luzier.

Links: Schwarzfigurige Amphora. Attica, 550-530 v. Chr. Jubelparkmusem, Brüssel.
Wassergefäss. Athen, um 520 v. Chr. Antikenmuseum, Basel.

Krönung Mariens oder der Kirche. 2. Viertel des 12. Jh. aus dem Straßburger Münster. Museum Notre Dame, Straßburg.

Glasgemälde mit Wappen von Bernhardt Brand. 1609. Historisches Museum, Straßburg.

zeugt werden. Glasbläser in der Antike und im Mittelalter verwendeten Nanotechnologie unbewusst in dem
sie dem geschmolzenen Glas das Goldchlorid hinzufüg-
ten. Abhängig von den Partikelgrößen verändert sich die
Glasfarbe von Hellrosa bis Purpur. Durch Zugabe von
Nickel wird eine violette Färbung ermöglicht, durch
Kobalt eine blaue, durch Selen eine rosa und durch
Chrom eine gelbgrüne Farbe. Schon die alten Römer
verwendeten unwissentlich Nanometallpartikel in der
Glaskunst und nutzten deren optische Eigenschaften, um
bemerkenswerte Farbeffekte zu erzielen. Ein im Briti-
schen Museum in London ausgestelltes Stück der römischen Glaskunst – der vor ca. 1600 Jahren hergestellte
Becher des Lykurgus – ist ein faszinierendes Beispiel
dieser Farbeffekte. In Abhängigkeit von Licht und Sicht-
richtung verändert sich die Farbe des Bechers. Von außen
erscheint der Becher grün. Wenn er aber von innen
beleuchtet wird, erscheint der Becher rubinrot – mit Aus-
nahme des abgebildeten Königs Lykurgus, der lila erscheint. Eine Untersuchung des Glases unter dem Mikro-

skop zeigt, dass die Ursache für diese Zweifarbigkeit (Dichroismus) die Anwesenheit von im Glas befindlichen Nanopartikeln aus Kupfer, Silber und Gold bis zu einer Größe von 50 Nanometern ist!

Die starke Heilwirkung des Silbers wurde schon im Altertum genutzt. Vermutlich wurde Silber zuerst im alten Ägypten zu medizinischen Zwecken eingesetzt. Es wurden Silberplättchen auf offene Wunden gelegt, um diese schnell zu heilen. Auch die Griechen, Römer, Perser, Inder und Chinesen hatten dafür Verwendung in ihrer Medizin. Seit mehr als 3000 Jahren ist, dass Trinkwasser und Lebensmittel in Silbergeschirr und -gefäßen längere Zeit aufbewahrt werden können. Dafür gibt es zahlreiche historische Beispiele: Perserkönig Kyros II. der Große (558-529 v. Chr.) benutzte Silbergefäße zur Speicherung von Trinkwasser während seiner Feldzüge. Oder als 326 v. Chr. die Soldaten von Alexander dem Großen (365-326 v. Chr.) nach Indien einmarschierten, erkrankte die Arme an den Ufern des Flusses Ganges an Magen-Darm-Erkrankungen.

Überraschenderweise blieben alle Offiziere gesund. Es stellte sich heraus, dass die Offiziere Silbergeschirr und Silbergefäße benutzten, während die Soldaten Geschirr aus Zinn hatten.

Um Infektionen zu vermeiden, trugen die Offiziere der römischen Armee Lätzchen und Ellenbogen aus Silberplatten.

Die Äbtissin und Naturheillehrerin Hildegard von Bingen (1098-1179) verwendete Silber als Heilmittel bei Verschleimung und Husten. Im Mittelalter setzte Paracelsus verarbeitetes Silberamalgam in ausleitenden Bädern zur Ausscheidung von Quecksilber aus dem Körper ein. Konrad von Megenberg, ein Regensburger Domherr und Universalgelehrter aus dem 14. Jh., erwähnte in seinem „Buch der Natur", dass Silber zu Pulver verarbeitet und mit edlen Salben vermischt werden müsse. Er empfahl sie bei Krätze, blutenden Hämorrhoiden und Stoffwechselschwäche anzuwenden.

Die Adeligen bewahrten ihre Vorräte wie Wasser und Nahrung in Silbertruhen und -behältern auf und speisten ausschließlich mit Silberbesteck von silbernen Tafeln. Allgemein hatte Silber dazu gedient böse Dämonen und Krankheiten fernzuhalten. Es wurde auch geschabtes Silber mit verschiedenen Pflanzen vermischt, um Tollwut, Wassersucht, Nasenbluten und viele andere Krankheiten zu heilen.

Viele Leser hörten vermutlich von rituellen Bädern, die in Indien von Millionen Hindus bis heute genommen werden. Der Ganges ist der heilige Fluss der Hindus, wo währen der religiösen Festen Hunderttausende Pilger aus dem ganzen Land baden, um sich von ihren Sünden zu reinigen. Außerdem werden die Aschen der Verstorbenen nach einer Feuerbestattung im Fluss zerstreut. Man könnte meinen, dass durch die enormen Verschmutzungen viele Menschen nach dem Bad im Fluss an verschiedenen Leiden erkranken, aber bisher kam es zu keinem Ausbruch. Einige Wissenschaftler vertreten sind der Meinung, dass der Ganges, der durch den Himalaya fließt, sein Wasser mit Nanosilberpartikeln anreichert, und daantibakterielle Wirkung ausübt.

Im Jahre 1895 wurden vom deutschen Chirurgen Benno Credé zum ersten Mal in der chirurgischen Praxis organische Silbersalze als Antiseptikum zur Wundbehandlung eingesetzt. Das beste Präparat war eine Silbercitratlösung in einer Konzentration von 100 bis 200 mg Silber pro Liter. Später verwendete Credé kolloidales Silber als Antiseptikum für den Hausgebrauch und in der militärischen Praxis. Ammoniakalische silberhaltige Lösungen wurden bei der Behandlung von chirurgischer Sepsis verwendet.

Zu Beginn des 20. Jahrhunderts wurde Silber intensiv von zahlreichen Wissenschaftlern untersucht. Es wurde eine antibakterielle Wirkung des Nanosilbers geklärt, und es wurde als erprobtes keimtötendes Mittel anerkannt. Die winzigen Silbermoleküle dringen durch ihre kleine Größe in die einzelligen Parasiten wie Bakterien, Viren und Pilze und deren Sporen ein und ersticken diese, indem sie dort ein für die Sauerstoffgewinnung zuständiges Enzym blockieren. Der Stoffwechsel der Parasiten kommt so zum Erliegen, und sie sterben ab. Es ist kein Bakterium bekannt, welches von kolloidalem Silber nicht abgetötet wird. Selbst pathogene Mikroorganismen – auch Würmer, die bereits gegen Antibiotika resistent sind – sterben ab. Diese abgetöteten Parasiten werden dann vom Körper abtransportiert und ausgeschieden. Erfahrungsgemäß werden intakte Hautzellen und gesundheitsfördernde Bakterien bei der Behandlung mit kolloidalem Silber nicht geschädigt. Auch Enzyme von nutzbringenden Zellen bleiben intakt und werden nicht angegriffen. Die Wissenschaftler hatten Interesse an der Besonderheit des Silberwassers, Krankheiten zu heilen. In den 80er Jahren des 20. Jahrhunderts wurde in der biomedizinischen Forschung festgestellt, dass der eigentliche Wirkstoff nicht das Metall selbst ist, sondern dass seine Ionen die Enzyme der Krankheitserreger blockieren.

Auch in die Kosmetik hält die Nanotechnologie Einzug. Wie französische Wissenschaftler der Forschungsorganisation CNRS in Paris feststellten, kaschierten bereits vor 2000 Jahren Griechen und Römer ihre grauen

Haare mit Nanopaste aus Bleioxid und Löschkalk. Dabei entstanden dunkle Nanokristalle des Bleisulfides, die heute zum Teil für optoelektronische Bauteile benötigt werden. Dieses historische Färbeverfahren wurde nachgestellt, indem man Haare ins Wasser gab und zu gleichen Teilen Bleioxid und Calciumhydroxid hinzufügte. Bereits nach kurzer Zeit begannen die hellen Haare, sich dunkler zu färben. Je länger sie der Mischung ausgesetzt waren, desto intensiver war die Farbe. Wie dieser haarefärbende Effekt zustandekam, konnten die Chemiker und Haar-experten unter dem Mikroskop erkennen: In der Faserschicht der Haare hatten sich aus dem Blei und dem Schwefel der Aminosäuren des Keratins der Haare Bleisulfidkristalle gebildet – und diese waren lediglich zwischen vier und 15 millionstel Millimeter, also wenige Nanometer groß. Einige Kristalle bildeten an der Außenseite der Fasern größere Ablagerungen, während die kleineren Kristalle sich ins Innere der Fasern einlagerten.

Heutzutage werden Nanopartikel des Titanoxids in Sonnenschutzcremes eingesetzt. Die Teilchen reflektieren die besonders schädliche UV-B-Strahlung (es ist die Art von ultravioletter Strahlung) und schützen so die Haut vom Sonnenbrand. Titandioxid-Nanopartikel bilden einen Schutzfilm, weil sich die winzigen Kügelchen mit der Größe 20 bis 100 Nanometern viel dichter als die größe-ren Teilchen zusammenlagern können.

„NASA kopiert die Nanotechnologie des antiken Griechenlands" – mit dieser Schlagzeile erschienen verschiedene wissenschaftliche Publikationen in Amerika und Europa. Wie in den NASA-Informationen zu lesen war, wurde die griechische Keramik mit der glänzenden schwarzen obersten Schicht auf den Töpferwaren mit einzigartigen physikalischen Eigenschaften unter der Verwendung der Nanotechnologie hergestellt. Die Keramikfliesen der Raumfahrzeuge sind einer extremen Bandbreite von Temperaturen ausgesetzt. Sie müssen in der Lage sein, Temperaturen von -120°C im kalten Vakuum des Weltraums und bis +1650°C beim Wiedereintritt in die Erdatmosphäre standzuhalten. Diese enorme Hitze wird durch Reibung verursacht und ist heiß genug, um

Metall zu verflüssigen. Die NASA plant, alle Keramikteile ihrer Raumschiffe unter Verwendung der Technologie der alten Griechen herzustellen.

Raketenwissenschaftler studieren 2600 Jahre alte griechische Keramik – wie diese Vase aus dem 6. Jahrhundert v. Chr. – da sie vermuten, mit ihren Eigenschaften die Hitzebeständigkeit von modernen Keramikfliesen erhöhen zu können und die Technologie von modernen Hitzeschutzfliesen für Weltraumfahrzeuge verbessern zu können.

Der harte Wettbewerb zwischen Athen und Korinth, den beiden großen Konkurrenten der Keramikherstellung im antiken Griechenland, führte als Ergebnis vom 7. bis 5. Jahrhundert v. Chr. zu einer Blütezeit dieses Handwerks. Der Höhepunkt der attischen Keramikproduktion war im 6. Jahrhundert v. Chr. erreicht, als Vasen mit glänzender schwarzer Oberfläche hergestellt wurden. Diese „schwarzfigurige" Keramik wurde durch eine Verwendung der Mischung aus zwei unterschiedlichen Arten von Lehm, Luftzufuhr und Bewegung im Ofen sowie eine bestimmte Ofentemperatur, hergestellt. Der Lehm erhielt die Eisenoxide, die der Keramik beim Brennen eine rote Farbe gaben, wenn das Rösten in einer Oxydationsatmosphäre mit sauerstoffreicher Luft durchgeführt wurde. Wenn das Rösten in einer Reduktionsatmosphäre in Anwesenheit von Rauch oder Kohlenstoffmonoxid durchgeführt wird, wandelt sich rotes Eisenmineral Hämatit in den schwarzen Magnetit um. So wurde die schwarzfigurige Keramik hergestellt. Diese Schicht wies außer einer wunderschönen, glänzenden schwarzdunkelblauen Farbe auch eine größere Härte und Temperaturbeständigkeit auf. Die genaue Rezeptur der schwarzen Farbe bleibt bis heute ein Geheimnis. Vereinfacht beschrieben enthielt der Tonschlicker ein Alkali, Lehm mit einem Kieselerdeanteil sowie Eisenoxid. Außerdem wurde dem Tonschlicker noch Asche zugegeben.

Ungefähr seit Ende der neunziger Jahre des vergangenen Jahrhunderts sind im Alltag Produkte mit Nanoteilchen in Verwendung: Motoröl mit Nanoteilchen, Pflaster mit Nanosilber und Nanoelektronik. Sie werden in Computern eingesetzt, in Fernsehgeräten, in Autos, in Dekoration, in Kleidung, sowie in Nahrungsmitteln aus dem Supermarkt. Überall finden Sie viele Gegenstände in Nanogröße, die von menschlicher Hand bewusst und gezielt geschaffen werden.

Metalle und Kunst

Seit langer Zeit sind den Menschen natürliche Farbpigmente bekannt: Mineralien wurden zermahlen, um daraus Farbpulver herzustellen. Schon vor etwa 20.000 Jahren entstanden farbige Höhlenmalereien. Der Mensch aus prähistorischer Zeit hinterließ uns die frühsten Kunstwerke der Welt. Seine Höhlenmalereien erzählen vor allem von der Jagd auf große Wildtiere.

Eine berühmte Höhle befindet sich beim Dorf Altamira in der Nähe der kleinen Stadt Santillana del Mar in Spanien, die in 1868 vom Jäger Modesto Kubillas während der Suche nach seinem Hund entdeckt wurde. Modesto sah eine tiefe Felsspalte und dachte: „Es kann sein, dass der Hund dort reingefallen ist." Nachdem er vergeblich versuchte etwas zu sehen, bückte er sich und sah einen Hohlraum, der bis in die Tiefe des Berges reichte und ungefähr zur Hälfte mit abgestürzten Felsbruchstücken versperrt war. Das war eine bis dahin unbekannte Höhle. Der Jäger informierte den Landbesitzer

Marcelino Sanz de Sautuola (1831-1888) über seine Entdeckung. Marcelino war von der Prähistorie und der Suche nach den Schätzen begeistert. Er beschloss, diese Höhle anzuschauen: Im Jahre 1879 nahm er seine 9-jährige Tochter Maria mit und ging in die Höhle. Als das Mädchen an den Wänden der Höhle die bemalten Bisons sah, rief Maria: „Papa, schau, Rinder, Rinder!" Sofort kam Don Marcelino zur Tochter und sah die roten und gelbbraun gemalte Bisons und Wildpferde.

Zuerst hielten die verblüfften Betrachter diese Zeichnungen für nicht älter als 20 Jahre und für das Werk der mäßig begabten Kunststudenten. Niemand glaubte Don Marcelino, dass es sich um prähistorische Malerei handele. Doch spätere Funde weiterer Felsmalereien in Spanien und Frankreich, die an Wänden von Höhlen vermutlich vor 20.000 Jahren angebracht wurden, zwangen die Wissenschaftler, ihre Meinung zu ändern.

Besonders viel Aufsehen machten die Werke der prähistorischen Maler in der Höhle Lascaux im Tal des Flusses Vesser in Südfrankreich. Sie wurden im Jahr 1940 von vier Jugendlichen entdeckt. Dabei gelangten sie in ein Gangsystem, dessen Wände über und über mit Tierbildern bemalt waren. An den Wänden und den Decken der Höhle wurden Bisons, Hirsche, Wildrinder und -pferde und andere laufende oder galoppierende Tiere dargestellt. Der erste Forscher der Felsbilder in der Höhle von Lascaux war der katholische Priest Henri Breuil (1877-1961) – damals ein anerkannter Spezialist der prähistorischen Kultur. Er versteckte sich in dieser Region während der deutschen Okkupation von Frankreich. Breuil war der erste, der die Authentizität der Felsmalerei untersuchte, bestätigte und eine wissenschaftliche Auswertung abgab. Lange hat die Archäologie gebraucht, um hinter die Geheimnisse der Felsbilder zu kommen. Viele Forscher scheuen sich auch heute noch, die Götter beim Namen zu nennen.

Die farbigen Bilder von Lascaus wurden von den prähistorischen Menschen nicht nur mittels primitiver Werkzeuge, sondern auch mit den Fingern, die als Pinsel dienten, gezeichnet. Es ist phantastisch, dass über Jahrtausende die ursprüngliche Leuchtkraft der Farben noch weitgehend erhalten ist. Dieses Phänomen lässt sich nicht allein dadurch erklären, dass die Felsmalereien so lange im Dunkeln blieben. Als rote, gelbe oder schwarze Farben wurden Erdfarben und mineralische Pigmente, vor allem Ocker, Holzkohle, Kreide und verschiedene farbige Eisen- und Manganmineralien verwendet. Bis heute kann man vom Ockerabbau geprägte Landschaft in Südfrankreich sehen. Bevor Ocker auf die Wände aufgetragen wurden, wurden sie in den einfachen Mörsern zerrieben und mit Wasser vermischt. Um die Farben an den Wänden festzuhalten, wurden von prähistorischen Malern als Bindemittel Blut, Eiweiß, tierisches Fett oder Fischöl benutzt. Alle diese Stoffe sind vergleichbar mit denen, die die heutigen Maler verwenden. Um die gewünschten Farbtöne zu erhalten, wurden die Pigmente großer Hitze ausgesetzt.

Es gibt die Vermutung, dass unsere Vorfahren an eine Art Jagdzauber glaubten. Sie bannten Beutetiere in leuchtenden Farben an die Wand, um den Erfolg der Jagd zu

Altsteinzeitliche Malerei um 14000 v. Chr. in der Höhle Altamira. Museum Altamira, Spanien.

Höhle von Lascaux (um 15000 v. Chr.) birgt die berühmtesten prähistorischen Felsmalereien der Welt. Südfrankreich.

Links: Farben und Werkzeuge eines Malers, 17. Jh.
Jubelparkmusem, Brüssel.
Rechts: Ocker Farben (von links nach rechts): Roter,
Zitronengelber, Natürliche Siena, Umbra grün aus Zypern.

a   b

Götze. Priamosschatz, Troja. Bronze, 3. Viertel 2. Jt. v. Chr. (a), Statuette des Gottes. Südkaukasus, Bronze, 6.-5. Jh. v. Chr. (b). Puschkin-Museum, Moskau.

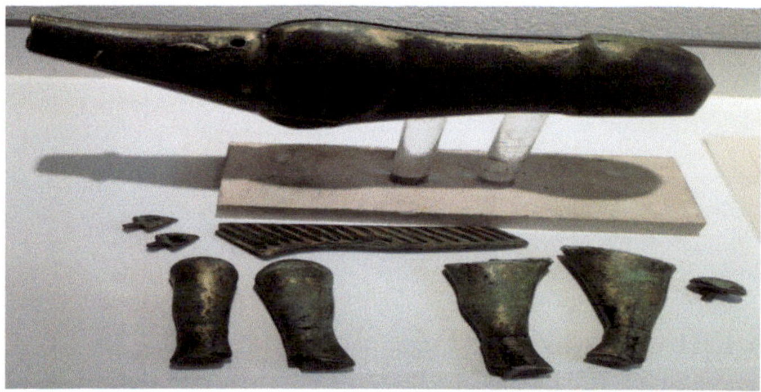

Konstruktionselemente eines Wildschweines. Bronze, 1. Jh. v. Chr. Archäologiches Museum Nizza, Frankreich.

beschwören. Manche Höhlenmalereien zeigen gefangene oder sterbende Tiere – mit darin steckenden Waffen oder Keulenwunden. Dadurch erfahren Forscher viel über die Jagdmethoden der Steinzeit.

Die in der Antike verwendeten Pigmente waren überwiegend anorganische Natur. Es handelt sich meist um natürlich vorkommende Mineralien, die bereits in der Natur durch ihre Farben auffallen und relativ einfach gewonnen werden konnten. Meist stellen sie begehrte Handelsgüter dar. Hierzu zählen der Ocker mit seinen gelben, braunen und roten Farbtönen, der blaue Azurit, der grüne Malachit und der dunkelgrüne Chrysokoll, der rote Zinnober und die weiße Kreide. Schwarzer Ruß kann leicht aus rußenden Flammen gewonnen werden; er stellt in der Entwicklungsgeschichte das erste künstlich gewonnene Pigment dar. Sehr früh konnten die altägyptischen Künstler ein sehr schönes blaues Pigment, das weiterhin verwendete „Ägyptisch Blau", herstellen. Durch eine geringe Variation des Prozesses konnte auch das schöne Pigment Ägyptisch Grün gewonnen werden.

Der Purpur war nach Homer die Farbe der Könige – so musste es Unsterblichkeit verleihen. Dafür wurden Gesicht oder Haare mit „rotem Blei" gefärbt und die göttlichen Figuren, Masken oder auch der Streitwagen des Triumphators als Ausdruck der strotzenden aggressiven Macht mit Zinnober (Quecksilbersulfid) bemalt. Die antiken Maler lernten sehr bald, die verschiedenen Pigmente zu mischen oder in Malschichten übereinander zu legen, sodass eine Vielzahl von Zwischentönen erzeugt werden konnte.

In Bezug auf Farbton, -tiefe, Verarbeitbarkeit (Verteilung im Bindemittel) und Beständigkeit weisen die verschiedenen Pigmente (auch von Teilchengröße und Kristallform abhängig) naturgemäß unterschiedliche Eigenschaften auf. Verunreinigungen der mineralischen Pigmente durch Gangart (Begleitmineralien) führen zu Farbabweichungen und schlechter Verarbeitbarkeit. Die wichtigsten gelben und roten Pigmente sind der Ocker. Unter der Bezeichnung „gelber Ocker" verbirgt sich eine Vielzahl von wasserhaltigen Eisen(III)-Oxiden, die sich in

Kristallform, Wassergehalt sowie in den Beimengungen und somit auch im Farbton unterscheiden. Goethit ist eines der hierzu gehörenden gelbe bis dunkelbraune Mineralien, das nach dem Dichterfürsten benannt wurde. „Roter Ocker" (Pompeianisch Rot, Venezianisch Rot) ist ein praktisch wasserfreies Eisen(III)-Oxid, das je nach Korngröße hell- bis dunkelrot ist. Ein Purpurton entsteht durch beigemischtes schwarzes Eisen(II, III)-Oxid, das beim Erhitzen an der Luft auf über 1200°C unter Sauerstoffabspaltung entsteht. Alle Ocker sind extrem stabil. Roter Ocker wurde in Neanderthaler-Gräbern gefunden, wo er offenbar eine gewisse kultische Bedeutung besaß. Ocker kann durch seine Farbe und den Nachweis von Eisen relativ leicht identifiziert werden. Zinnober (rotes Quecksilbersulfid) ist ein sehr schönes rotes Pigment mit guten Verarbeitungseigenschaften, aber leider ist es nicht sehr stabil. Es verleiht ursprünglich der roten Fläche eine violett stichige Tönung, weil es sich im Licht aufgrund der feinen Verteilung von schwarz wirkendem Quecksilber verfärbt. Bereits Vitruv (ca. 55 v. Chr.-14 n. Chr.)

kannte diese Eigenschaft und empfahl Zinnober nur in Innenräumen zu verwenden. Farbige Bleiverbindungen wie Mennige (rot) und Bleiglätte (gelb bis rotgelb) sind ebenfalls erwähnenswert. Sie sind auch synthetisch zugänglich (Bleiglätte ist ein Nebenprodukt bei der Silbergewinnung) und leicht nachzuweisen.

Im Zeitverlauf befand sich auch die Kunst in einem stetigen Wandel. Natürliche mineralische Farben wurden nicht nur von den prähistorischen oder antiken Künstlern, sondern auch den Malern der Renaissance und im 17. Jahrhundert von berühmtesten Malern wie dem Holländer Vermeer und Rembrandt verwendet. Während der Renaissance verrieben die Maler leuchtend farbige Kristalle, um Pigmente herzustellen. Jeder hatte seine eigenen Farben, aber alle Pigmente hatten eine gemeinsame Basis, nämlich Mineralien der verschiedenen Metalle. Die Maler mischten diese mit Öl und erhielten dadurch neue Malfarben. Fast alle blauen Farbstoffe außer natürliches Ultramarin verblassen mit der Zeit. Dieses Pigment wurde aus dem gemahlenen Mineral

Lapislazuli gewonnen (der Handel mit Halbedelstein Lapislazuli dehnte sich aus Badachschan, Afghanistan schon seit des 3. Jts. v. Chr. aus). Das Pigment war jedoch so teuer, dass die Farbe als königliches Symbol („Königsblau") eingeordnet wurde. Lapislazuli ist einer der ersten Edelsteine überhaupt, der zu Schmuck verarbeitet wurde.

Schon in uralten ägyptischen Königsgräbern finden sich Schmuckstücke aus diesem blauen Stein. Da es das kostbarste war, was die alten Ägypter besaßen, legten sie es ihren Pharaonen mit ins Grab. Bis ins 19. Jahrhundert zahlten Künstler ein Vermögen für diese Farbe. Heute wird es vor allem für die Restaurierung alter Gemälde gebraucht, denn dort besonders viel leuchtendes Blau verwendet wurde. Wie früher ist es immer noch unglaublich teuer.

Da ungefähr bis Mitte des 18. Jahrhunderts die fertigen Farben nicht käuflich erworben werden konnten, wurden sie in kleinen Mengen direkt im Atelier des Künstlers vorbereitet. Jede Farbe bestand aus einem Pigment (zerkleinertes und dünn geriebenes Metall- oder Mineralpulver) und Bindemittel – in der Regel ein Lein- oder Nussöl, welches getrockneten Farben Glanz verleiht. Die Künstler oder häufiger deren Helfer (oft Schüler) mischten die Komponenten der Farben in bestimmten Proportionen. Es war eine sehr mühsame Arbeit, da jedes Pigment unterschiedlich gemischt werden musste, um die gewünschte Dicke und Schattierung der Farbe zu erzielen.

Vermeer lebte in Delft und konnte Pigmente in einer Apotheke in der Nähe erwerben. Eine Apotheke des 17. Jhs., wo Pulver getrocknet, Mixturen vermischt und verschiedene Stoffe untersucht wurden, könnte man sicher mit einem Chemielabor vergleichen. Durch chemische Analysen der Bilder wissen wir, dass Vermeer für die Vorbereitung seiner Farben Kupfer-, Eisen- und Bleimineralien sowie auch Urin, Glas, Holz und Pflanzen verwendete. Er bevorzugte teure und daher haltbare Pigmente, die zur Erhaltung der Helligkeit der Farben beitrugen.

Auf den Gemälden „Mädchen mit rotem Hut" und „Guitarrista" sieht man, dass der Künstler das Mineral des Eisensilikats verwendete, das als „Grüne Erde" bezeichnet wird und den Künstlern der Renaissance bekannt war. Eine leuchtendgelbe Zitronenfarbe erreichte Vermeer mit dem Pigment, das durch Erhitzen von rotem Blei (das Mineral Krokoitis) und Zinndioxid gewonnen wurde. Europäische Künstler des 14.-17. Jahrhunderts benutzten gerne das Pigment Ultramarin, welches aus dem kostbaren Mineral Lazuli gewonnen wird. Vermeer verwendete dieses Pigment häufiger als seine Zeitgenossen, um zum Beispiel den Turban der Heldin des Ölgemäldes „Mädchen mit Perlenohrring" darzustellen. Der Künstler betonte die Lichthelligkeit, indem er Ultramarin einsetzte, um Spezialeffekte in hellen Wandbereichen und im Fenster zu erzeugen, wie zum Beispiel auf dem Gemälde „Junge Frau mit Wasserkanne am Fenster".

Die Welt wurde in verschiedenen Epochen von Malern unterschiedlich gesehen und gespürt; sie hatten auch die Schönheit unterschiedlich verstanden. Deswegen wählten sie unterschiedliche Farben und Techniken aus. Fast alle Gemälde der alten Meister wurden mit Farben gemalt, die auf Basis von Bleiweißes hergestellt wurden. Und obwohl man heutzutage von den giftigen Bleiweiß-Farben zu ungiftigen Titanfarben wechselte, werden bleihaltige Pigmente weiter benutzt: Das sind Bleichromat (auch Zitronengelb, Königsgelb oder Narzissengelb) und Chromrot (Türkischrot, Wiener Rot). Das weiße Bleiborat wird verwendet, um die Bilder zu trocknen.

Einige Maler experimentieren bis heute mit Farben: Sie mischten trockene mineralische Pigmente mit verschiedenen Pflanzenölen und erhielten damit unzählige Farbtöne. Wenn man dabei eine Primär- und Sekundärfarbe kombiniert, erzielt man Übergangsfarben: rotorange, gelbgrün, violettblau, rotviolett, blaugrün oder gelborange.

Persönliche Angelegenheit von Gott Hephaistos

Der Schmiedegott Hephaistos war zwar mit seinem hinkenden Bein nicht ganz makellos. Jedoch gibt es einen medizinischen Grund für sein Gebrechen, und dieser liegt in der Eisentechnologie selbst: Eisen ist kein Werkstoff der Stunde, sondern der Stunden: Wenn einer wie Hephaistos täglich stundenlang den Gasen des Schmiedefeuers ausgesetzt ist, hinkt er nicht, sondern schleift ein Bein nach. Durch Gase verliert er die Kontrolle, weil der dauernde Sauerstoffmangel sein Hirn schädigt. Die alten Maler stellten ihn klein und hässlich in der Kleidung eines Handwerkes mit dem Hammer oder der Zange in den Hand dar.

Wie stand es um seine persönlichen Angelegenheiten? Der Schmiedegott und Schützer der Schmiedehandwerker Hephaistos hatte eine vornehme Abstammung: Er war der Sohn von Zeus und Hera, den Hauptgöttern des Olymps. Im Unterschied zu anderen olympischen Göttern verschwendete Hephaistos keine Zeit, sondern schwarz von Ruß und Kohlenstoffstaub beschäftigte er sich in seiner Werkstatt. In der Mitte der Schmiede stand ein riesiger Amboss, auf dem das heiße Eisen mit dem Hammer von Hand in Form geschmiedet wurde. In der Ecke befanden sich verschiedene Hämmer und an der Wand hingen viele Zangen und Gesenke zum Formen der Stücke. Ein Helfer von Hephaistos bediente den großen Blasebalg, der das Feuer in einem feuerspeienden Horn entfachte.

In der ganzen Werkstatt waren die Hammerschläge von Hephaistos zu hören. Was für ein Lärm! Zusammen mit seinen Helfern schuf er die berühmten Gegenstände und Attribute der olympischen Götter: das Zepter und die Donnerkeile des Göttervaters Zeus, die Büchse der Pandora, den Thron für Hera mit der unsichtbaren Fessel, die Zauberpfeile des Apollon, den großen Schild der Athena und den goldenen Kampfwagen des Gottes Helios. Auf Olymp baute Hephaistos noch das Tor des Palastes.

Homer hat uns eine Schilderung der Arbeit des Hephaistos überliefert. Wie stets im Gewand einer Sage: Achilleus, der Held des Trojanskrieges, brauchte weder Panzer noch Schild und Helm. Seine Mutter Thesis beschloss, den Schmiedegott Hephaistos selbst um Hilfe zu bitten. Rußgeschwärzt, nur mit einem Lendenschurz bekleidet, trat der Gott vor den Ofen in seiner Werkstatt. Mit zwanzig Blasebälgen fachte er die Glut an und erhitzte in Tiegeln Kupfer und Zinn, Gold und Silber, „richtete dann auf dem Block den Amboss, nahm mit der Rechten drauf den gewaltigen Hammer und nahm mit der Linken die Zange." Aus fünf Schichten schmiedete Hephaistos dem Achilleus einen kunstvoll verzierten Schild, dann Harnisch, Helm und Beinschienen. Triumphierend verließ Thesis die Werkstatt, um ihrem Sohn die glänzenden Waffen zu bringen... Es ist sicher, dass Homer wusste, wie eine altgriechische Bronzeschmiede aussah. Gewiss hatte er mehrmals einem Handwerker bei der Arbeit zugeschaut.

Ein griechischer Mythos erzählt Prometheus' Geschichte,

In der Schmiede des Hephaistos.

Links: Messer und Werkzeuge aus Bronze. 1420-1100 v. Chr.

Archäologisches Museum Chania, Kreta.

Rechts: Keramikgefäß mit Eisenschlacke. 150-80 v. Chr.

Historisches Museum, Basel, Schweiz.

welcher aus dem Göttergeschlecht der Titanen stammte. Einmal verweigerte der Göttervater Zeus den Sterblichen den Besitz des Feuers. Prometheus wollte den Menschen helfen, kam heimlich in den Palast der Götter und stahl ein Stück Glut aus dem heiligen Feuer und brachte es den Menschen. Das Leben der Menschen war dadurch viel besser geworden. Er wurde aber auf Befehl von Zeus mit Ketten von Hephaistos gefesselt und in der Einöde des Kaukasusgebirges festgeschmiedet.

Die Verarbeitung von Metallen ist eine der wichtigsten Kulturleistungen des Menschen. In Ägypten und Indien entstanden geschmiedete Werkzeuge schon vor mehr als 5000 Jahren. Anfangs bestanden diese aus Kupfer oder Kupferlegierungen. Ab etwa 1200 v. Chr. konnten Schmiede auch Eisen verarbeiten. Eine altertümliche Legende erzählt über den Respekt vor den Schmieden in der Antike. Beim Tempelbau in Jerusalem im 10. Jahrhundert v. Chr. stellten die Schmiede die Werkzeuge her, die für den Bau von Gebäudewänden, Türen, Toren, Schlössern und Türriegeln notwendig waren. Als der Tempel gebaut wurde, entschied der König Salomon, die besten Handwerker zu belohnen und lud sie in den Tempel ein. Während des Festes sagte er, dass er seinen Thron dem besten und fleißigsten Handwerker abgäbe. Einer der eingeladenen Gäste stieg schnell auf die Stufen und setzte sich auf den goldenen Königsthron hin. Der König und alle Gäste waren überrascht.

„Wer bist du, und warum besetzt du meinen Thron?", fragte der erzürnte König ihn drohend.

Der Unbekannte zeigte keine Angst, wandte sich an den Maurer und fragte: „Wer stellte deine Werkzeuge her?"

„Schmied!", erwiderte der Mauer.
Danach wandte er sich an den Zimmermann und den Tischler und fragte diese: „Wer machte eure Werkzeuge?"

„Der Schmied hat uns alle Werkzeuge hergestellt und repariert", antworteten die beiden.

„Ja, die Werkzeuge, mit welchen diesen Tempel gebaut wurde, wurden von Schmied geschmiedet", sagten alle, die von dem Unbekannten befragt wurden.

Dieser ergriff wieder das Wort. „Ich bin ein Schmied. Siehst Du, König. Niemand konnte seine Arbeit ohne meine eisernen Werkzeuge machen. Deswegen gehört dieser Platz mir."

„Ja, der Schmied hat recht", sagte der König, der von den Argumenten des Schmiedes überzeugt war. „Schmiede verdienen mehr Respekt unter Bauarbeitern des Tempels."

Man muss bemerken, dass die Schmiede nicht nur in den Legenden verehrt wurden. Die Leute waren erstaunt: Wie schuf der Schmied die wertvollen Gegenstände aus einem Stück des Braunsteines? Wahre Zauberei! Kein Wunder, dass viele Völker einen Schmied zum Zauberer zählten. Das war in der Antike. Wie bezieht man sich auf Schmied-Beruf später?

Die Verarbeitung von Metallen war von Anfang an Spezialisten vorbehalten. Das Geheimnis der Metallbearbeitung wurde gewahrt und über Generationen in Familien weitergegeben. So dürften die Schmiede wohl zu den Handwerkern gehören, die als erste hauptberuflich tätig waren. Der Schmied war für die Bauern ein wichtiger Handwerker. Für die Wald- und Feldarbeit benötigte Werkzeuge aus Eisen wie Hämmer, Äxte, Beile, Krempen und Hacken wurden vom Schmied in Handarbeit hergestellt. Beschläge aller Art, Schlösser, Ketten und Nägel schuf der Schmied ebenfalls. Er fertigte die Eisenreifen für hölzerne Wagenräder und zog sie auf. Außerdem schmiedete er Hufeisen für die Zugtiere. Im Beschlagstand vor der Schmiede wurden Ochsen oder Stiere eingehängt, um deren Klauen mit Hufeisen zu beschlagen. Ab dem Mittelalter spezialisierten sich die Schmiede stärker. Waffenschmiede, Messer- und Nagelschmiede waren nur einige der Spezialisten des sich immer weiter verästelnden Berufszweiges. Der Schmied hatte in der Gesellschaft immer viel Ansehen. In England nahm der Schmied eine höhere Gesellschaftsstufe ein als der Arzt, und auf den königlichen Festen konnten Schmiede mit den Monarchen am gleichen Tisch speisen.

Während der industriellen Revolution sind viele glückliche Schmiede reich geworden, einige wurden sogar in den Adelsstand gehoben. „Mit dem Schmied darf man sich nicht duzen", besagt ein finnisches Sprichwort. Und „Tausend Schläge des Schneiders – ein Schlag des Schmiedes", sprachen die Perser ehrerbietig.

Eisernes Blut

Die alten Ägypter, Griechen und Hindus des Altertums wendeten Eisen als Stärkungsmittel an. Die römischen Ärzte Celsus (30 v. Chr.-50 n. Chr.) und Galenos von Pergamon oder Galen (129-199 n. Chr.) verwendeten bei der Krankenbehandlung, z. B. bei Milzvergrößerung, das Kühlwasser aus der Schmiede. Die Ärzte des Mittelalters verwandten für diesen Zweck Essig und Wein, in welchen Eisenspänen gelegen hatten. Da danach ein verstärkter und tonisierender Effekt beobachtet wurde, waren Eisenanwendungen schließlich universell. Seit dem 17. Jahrhundert werden nachweislich Trinkkuren mit eisenhaltigen Quellwässern durchgeführt. Als Indikation zur Eisentherapie wurden früh Krankheitsbilder und Symptome angegeben, die auch noch heute auf gleicher Weise behandelt werden: Bleichsucht, Schwäche. Zum größten Teil handelt es sich um Zustände und Beschwerden, die mit Sicherheit auf einen Eisenmangel bezogen werden können.

Im Jahre 1825 wies der deutsche Chemiker Johann Friedrich Philipp Engelhart (1797-1837) nach, dass das Eisen im menschlichen (bzw. tierischen) Blut an den Blutfarbstoff gebunden ist. Ausgehend von der primitiven Analogie, dass Rost und Blut beide eine rote Farbe haben, wurde schon früher vermutet, dass sich Eisen im Blut befände. Ohne Eisen könnte der Mensch nicht überleben, denn Eisen ist ein wichtiger Baustein für die Bildung des roten Blutfarbstoffes Hämoglobin. In dieser Form ist es an die roten Blutkörperchen (Erythrozyten) gebunden und am Sauerstofftransport im Blut beteiligt. Engelhart zeigte auch die, für damalige Vorstellungen erstaunlichen und auf Unglauben stoßende, Größe des Moleküls Hämoglobin, an welches das Eisen gebunden war. Jedoch muss das Blut nicht unbedingt rot sein. Einige Würmer haben grünes „Blut", weil Eisen sich in diesen Lebewesen in einer anderen Form befindet.

Engelharts Entdeckung überraschte viele Menschen. Sofort erschien eine große Anzahl manchmal origineller Angebote, zum Beispiel der Vorschlag, Medaillen aus

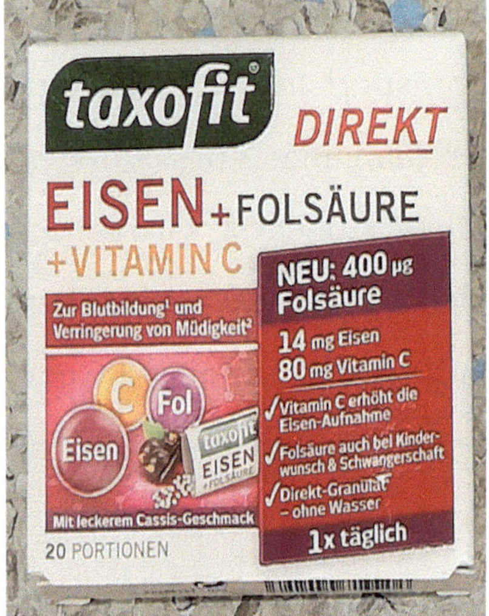

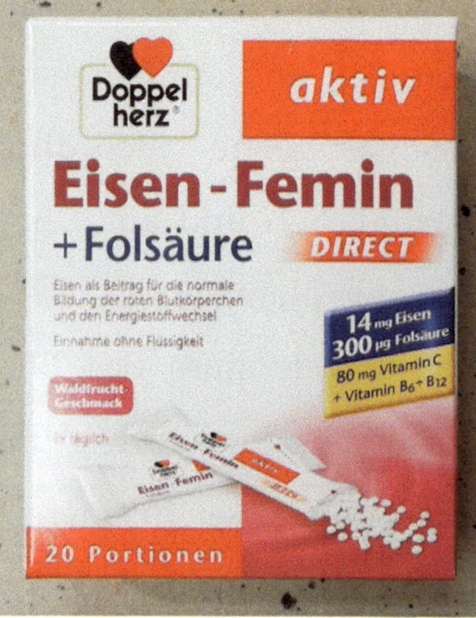

Eisenhaltige Produkte mit Vitaminen und Folsäure als Zusatzstoffen.

dem Blut bedeutender Menschen zu prägen, um die Erinnerung an sie zu verewigen. Damals wussten die Leute noch nicht, dass in unserem Blut nur wenig Eisen zu finden ist. Im Organismus eines Erwachsenen befinden sich drei bis fünf Gramm Eisen. Das bedeutet: Einer Medaille, welche aus Eisen des menschlichen Blutes geprägt wird, könnte man nur unter einem Mikroskop ansehen. Im Internet findet man eine Geschichte über einen Studenten, der versuchte aus seinem Blut einen Ring zu fertigen. Danach starb er jedoch in Folge von Blutarmut. Als die Wissenschaftler feststellte, dass ein Eisenmangel im Blut zu Anämie (diese Krankheit hieß früher „Bleichsucht") führen kann, stieg sofort die Nachfrage an „Eisenarzneimitteln". Die Ideen dafür waren umfangreich: von mit Zucker bestreuten feinen Eisenspänen bis hin zu eisernem Wasser oder Stahlwein.

Da der Körper selbst kein Eisen produzieren kann, muss es mit der Nahrung aufgenommen werden. Dabei gilt: Der Körper kann Eisen aus tierischen Lebensmitteln besser aufnehmen als aus pflanzlichen Produkten. Zu den besonders eisenhaltigen Lebensmitteln gehören Innereien (zum Beispiel Leber oder Nieren), Linsen, Hirse, Kichererbsen und Pfifferlinge. Einseitige Ernährung, Blutverlust oder Magen-Darm-Erkrankungen können unter anderem dazu führen, dass man zu wenig Eisen aufnimmt. Heute nimmt man Eisen in Form von Tabletten, Kapseln und Sirupen ein. Moderne Präparate, die gegen Anämie verwendet werden, enthalten die notwendige Eisenmenge für die Wiederherstellung der Blutbildung. Arzneimittel schließen Vitamine und Eisen in einer Salzform ein.

Metalle und unsere Gesundheit

Die Verwendung von Metallen in der Medizin hat eine viele Jahrtausende alte Geschichte. Alte chinesische und indische medizinische Bücher und ägyptische Papyri erhalten vielzählige Erwähnungen über die Anwendung von Gold und Silber als Arzneistoffe. Die Menschen merkten, wie sich der Kontakt mit Metallen oder Salben und Cremen, die Metalle enthielten auf die Gesundheit, ihre Laune und die Arbeitsfähigkeit auswirkte.

Die ersten medizinischen Texte, die Metallanwendungen erwähnten, erschienen im Alten Ägypten vor etwa 4000 Jahren. Heute sind mehr als 10 medizinische Papyri bekannt, von dennen der Papyrus Kahun der älteste ist und vermutlich aus dem Jahr 1850 v. Chr. stammte. Viele Informationen werden uns aus dem große medizinische Ebers-Papyrus (16. Jh. v. Chr.) überliefert, der im Jahre 1872 in Theben von Professor Georg Ebers gekauft wurde. Das Papyrus enthält Rezepte der Arzneimittel, die Mineralstoffe wie Antimon, Schwefel, Eisen, Blei,

Lehm, Soda, Alabaster und Nitrate enthielten. In einem Rezept steht zum Beispiel: „Man muss die Flüssigkeit aus den Schweineaugen nehmen, dazu ein Teil Antimon, ein Teil Bleioxid, ein Teil Waldhonigs und alles vermischen. Diese Mischung muss man in das Ohr des Kranken geben, dann wird er gesund."

Der berühmteste altgriechische Arzt und Philosoph Hippokrates (460-370 v. Chr.), der aus einem Geschlecht der Asklepiaden stammte (die sich selbst auf den Heilgott Asklepios zurückführten), erhielt als Sohn einer Arztfamilie seine erste Unterweisung auf dem Gebiet der Medizin von seinem Vater. Hippokrates verwendete in seiner Praxis verschiedene Metalle und Edelsteine und war sich sicher, dass es in der Natur alle medizinischen Mittel gab. Vor mehr als 2000 Jahren verwendeten die chinesischen Ärzte Quecksilber, Eisen, Antimon, Schwefel, Magnesium sowie Kupfer- und Silberverbindungen als Arzneimittel.

Die Entwicklung der römischen Medizin vollzog sich direkt mit dem Arzt und Wissenschaftler Galen. Er ging von dem Prinzip aus, dass ein Arzt zusammen mit der Natur arbeitet solle, weil die Natur selbst alle Kräfte und Möglichkeiten habe, um einem menschlichen Organismus zu helfen, sich selbst zu heilen. Galen beschrieb eine Vorbereitung von Salben, Pulver und Flüssigkeiten mit Kupfer-, Blei- und Zinkmineralien. In der Klostermedizin wurde Pulver aus Gold als ein Mittel gegen Gastritus und Kraftlosigkeit, wie auch als Herzmittel verwendet. Das Eisenpulver wurde zur Geschwürheilung und Silberschaum gegen Krätze benutzt. Außerdem fanden auch Arsen, Schwefel, Zinnober (Quecksilbersulfid) und das Salz der Weinsäure eine Anwendung.

Es wurde oft geschrieben, dass eine kleine Menge einiger Metalle für unsere Gesundheit und Laune notwendig sei. In diese Richtung verlaufen neue wissenschaftliche Studien, es erscheinen neue Fakten, und bekannte Aussagen werden präzisiert. Es ist bekannt, dass der menschliche Organismus ausgewogene Ernährung benötigt. Metalle sind ein Bestandteil der Verbindungen, welche den Stoffwechsel in den Organismen von

Menschen, Tieren und Pflanzen bestimmen.

Beispielsweise wurden im menschlichen Blut 76 Elemente gefunden, von denen nur 14 keine Metalle sind. Alle Metalle sind sehr wichtig, und ein Mangel sowie eine Überdosis können zu einer Krankheit führen. Einige Elemente befinden sich im Organismus in großer Menge als Bestandteil von Fette, Eiweißen und Kohlenhydrate und nehmen in den meistens chemischen Reaktionen teil, die im Organismus verlaufen. Im Gegenteil zu diesen, zählen Metalle wie Chrom, Mangan, Eisen, Kobalt, Zink, usw. zu den Mikro- oder Spurenelementen, die dementsprechend nur kleine Mengen vorkommen. Ein erwachsener menschlicher Organismus enthält ungefähr 250 Gramm Kalium, 70 Gramm Natrium, 1700 Gramm Calcium, 42 Gramm Magnesium, drei bis fünf Gramm Eisen und circa drei Gramm Zink.

Über Metalle, die seit der Antike bekannt sind, haben wir schon gesprochen. Doch welche Erfolge hat die Wissenschaft in diesem Gebiet erzielt?

Natrium kommt im Körper als positiv geladenes Ion

vor – vor allem außerhalb der Zellen. Der Organismus benötigt Natrium für die Leitfähigkeit im Körper und das Gleichgewicht von Körperflüssigkeiten sowie für die Übertragung von Nervenreizen und Muskelfunktionen. Zusammen mit Kalium und Calcium reguliert Natrium den Wasserhaushalt, ist an der Zusammensetzung der Blutflüssigkeit beteiligt und wirkt sich auf den Blutdruck aus. Es trägt zum Gleichgewicht im Säure-Basen-Haushalt und zu den Verdauungssäften bei. Wenn der Körper zu viel Wasser aufnimmt oder zu wenig ausscheidet, wird die vorhandene Natriummenge im Körper verdünnt – die Werte fallen. Verminderte Natriumwerte können zum Beispiel durch Wasseransammlungen im Gewebe, Schilddrüsenunterfunktion, Medikamente, Natriumverluste über die Nieren oder Nierenversagen bedingt sein. Ein Natriumüberschuss im menschlichen Organismus steht meistens in Verbindung mit einem übermäßigen Konsum von Kochsalz, was zu Störungen des Wasserwechsels, der Nierenfunktion, zu Blutverdichtung und Herzkrankheiten führt.

Positiv geladene **Kaliumionen** sind essenzielle Bestandteile aller Körperzellen. Sie werden von allen Zellen benötigt, damit diese überhaupt funktionieren können. Kalium regelt beispielsweise den Flüssigkeitsgehalt der Zelle, hat aber auch zahlreiche weitere Stoffwechselaufgaben. Insbesondere Muskulatur und Nerven sind auf Kalium angewiesen. In den Nerven sorgt Kalium für die Reizweiterleitung, in der Muskulatur ist es an der Steuerung der Kontraktionen beteiligt. Körpereigene Hormone regulieren den Kaliumhaushalt. Eine niedrige Kaliumkonzentration im Blutserum (Hypokaliämie) ist ebenso gefährlich wie erhöhte Werte (Hyperkaliämie). Eine Störung des Kaliumhaushalts kann sich beispielsweise durch Herzrhythmusstörungen, Muskelzucken oder Gefühlsstörungen zeigen. Kalium gelangt über die Nahrung in den Organismus und wird über die Nieren ausgeschieden. Eine gute Kaliumquelle ist Obst und Gemüse. Größere Kaliummengen sind vor allem in Bananen, Trockenobst, Früchten und Nüssen enthalten.

Calcium ist ein lebenswichtiger Mineralstoff im menschlichen Organismus. Die Hauptaufgabe von Calcium besteht im Körper darin, Hartgewebe zu bilden. Dadurch ist es für die Entstehung, das Wachstum und die Neubildung von Knochen und Zähnen unabdingbar. Neben der Bedeutung bei der Mineralisierung von Knochen und Zähnen wird Calcium auch im Blutplasma benötigt, wo es verschiedene Aufgaben hat. Je nach Bedarf wird Calcium aus den Knochen, die als Depot dienen, abgegeben. Überschüssiges Calcium scheidet der Körper über den Stuhl aus. Ist der Bedarf an Calcium langfristig höher, als es über die Nahrung aufgenommen wird, kann ein relativer oder absoluter Calciummangel zu Osteoporose, Rachitis, grauem Star und Muskelschwäche führen. Kurzfristiger hoher Calciummangel manifestiert sich in Form von schmerzhaften Muskelkrämpfen und Gefühlsstörungen. Eine Calcium-Überdosierung wird in der Regel vom Körper selbst gelöst, indem dieser den Überschuss einfach über den Stuhl abgibt. Bei bestimmten Krankheiten kann es jedoch zu einem Calciumüberschuss kommen. Es treten dann Übelkeit, Erbrechen, Verstopfung, Müdigkeit und Muskelschwäche auf. Die vermehrte Ausscheidung über die Nieren kann als Folge gefährlichen Flüssigkeitsmangel haben. Langfristig können Gallensteine, Magengeschwüre, Nierenverkalkung und Nierensteine entstehen. Calcium gelangt über die Nahrung in den Körper und steckt vor allem in Milch und Milchprodukten. Zu den calciumreichsten Lebensmitteln zählen daher Rohmilch, Buttermilch, Käse und Quark. Doch auch in Kokosflocken, Sesam, Eiern und verschiedenen Gemüsesorten sind nicht unerhebliche Mengen Calcium enthalten.

Magnesium ist wie Calcium für den Menschen unentbehrlich. Seine Aufgaben sind:

- Verringerung von Müdigkeit und Ermüdung. Magnesium ist unter anderem für eine gute Durchblutung und eine normale Funktion des Nervensystems verantwortlich. Fehlt Magnesium, kann die Reizweiterleitung der Nerven gestört und die Durchblutung im Gehirn verringert werden;

- Elektrolytgleichgewicht. Die stabilisierende Einfluss-

Regal mit Büchern, Magnesium-, Natrium- und
Kaliumsalzen aus Apotheke in Catania (18 Jh.).

Rechts: Dosen für Arsen- und Cobaltsalze. Ende 18. Jh.
Hofapotheke, Museum Schloß Corvey.
Links: Aerugo (Kupfer(II)-acetat auch Grünspan). 18. Jh.
Apotheken Museum Heidelberg.

nahme auf das Elektrolytgleichgewicht ist wichtig für unsere Zellen. Liegt Magnesium in den Zellen vor, können Flüssigkeitsverteilung und Wasserhaushalt im menschlichen Organismus gesteuert werden;

- Auch für den Energiestoffwechsel und alle energieabhängigen Prozesse im Körper ist Magnesium wichtig.

- im Zusammenspiel mit anderen wichtigen Elektrolyten und Nährstoffen ist es an der Regulation der Erregungsleitung in den Nervenzellen beteiligt. Das bedeutet, dass es an der korrekten Weitergabe von Signalen und Botschaften über das Nervensystem mitwirkt. Bei einem Mangel an Magnesium kommt es zu einer erhöhten Erregbarkeit der Nervenzellen und damit zu einem Anstieg an neuronalen Signalen;

- für unsere Muskeln und deren Funktion ist Magnesium in den Nervenzellen unverzichtbar. Um den Körper zu bewegen, brauchen unsere Muskeln Energie. Diese Energie wird durch Magnesium erst „scharf gemacht". Und das kommt letzten Endes auch der Muskelarbeit zugute. Denn fehlt Magnesium, steigt die Durchlässigkeit der

Membranen für Natrium, Kalium und Calcium. Dadurch ändert sich das Elektrolytgleichgewicht, und somit erhöht sich auch die Krampfneigung der Muskeln. Magnesium wirkt sich auf eine Muskelversorgung mit allen wichtigen Nährstoffen und gesunde Muskelfunktion aus;

- die Eiweißsynthese, heute hauptsächlich Proteinbiosynthese genannt, ist ein komplexer Vorgang, bei dem Proteine aufgebaut werden. Für die Herstellung eines Proteins ist Magnesium zur Unterstützung der Transkription und Translation von Bedeutung;

- unser Gehirn benötigt für biochemische Reaktionen zahl-reiche Katalysatoren. Magnesium ist an intra- und interzellulären Transportprozessen beteiligt und unterstützt so die verschiedenen Stoffwechselfunktionen;

- Was viele nicht wissen: Nicht nur Calcium, sondern auch Magnesium ist für den Erhalt gesunder Knochen uner-lässlich! Der überwiegende Teil von Magnesium im menschlichen Organismus ist in den Knochen eingelagert (circa 60 Prozent in den Knochen, 39 Prozent in Muskeln und Organen und 1 Prozent im Blut);

- wie auch in unseren Knochen dient Magnesium zur Stabilisierung der Zähne und ist am Zahnwachstum beteiligt;

- als Aktivator von vielen Enzymen spielt das Element eine wichtige Rolle bei der Zellteilung.

Da der Körper dieses Metall nicht selbstständig produzieren kann, muss Magnesium über Lebensmittel oder entsprechende Nahrungsergänzungsmittel zugeführt werden. In der Regel reicht eine magnesiumreiche Ernährung aus, um den Bedarf zu decken und einem Magnesiummangel entgegenzuwirken. Was essen bei Magnesiummangel?

Zu den wertvollsten Magnesiumquellen gehören Samen. Vor allem Hanfsamen sind echte Magnesiumbomben: In 100 Gramm stecken bis zu 700 mg des Mineralstoffs. Mit drei Esslöffeln Hanfsamen haben Sie also bereits knapp 50 Prozent Ihres täglichen Magnesiumbedarfs gedeckt. Darüber hinaus enthält das Superfood jede Menge Eiweiß und Omega-3-Fettsäuren. Zu anderen

Magnesiumquellen gehören Nüsse. Besonders wertvoll für den Organismus sind Walnüsse: Sie liefern nicht nur viel Magnesium, sondern auch noch Folsäure, Vitamin B und E, Zink und Kalium. Außerdem enthalten sie kein Cholesterin, dafür aber die wichtigen Omega-3-Fettsäuren. Neben Nüssen und Samen ist Kakao ein weiterer Magnesiumlieferant. Wer unter Magnesiummangel leidet, sollte zu dunkler Zartbitter-Schokolade mit einem Kakaoanteil von mindestens 70-85 Prozent greifen. Denn je dunkler die Schokolade, desto höher ist der Magnesiumgehalt. Hülsenfrüchte und Lebensmittel wie Vollkornreis, Vollkornbrot und Vollkornnudeln sind ebenfalls sehr magnesiumreich. Bei Getreide und Reis befinden sich viele wertvolle Nährstoffe in der äußeren Schale. Wird diese entfernt, wird den Lebensmitteln automatisch auch Magnesium entzogen. Obst, insbesondere Beeren, wie Brombeeren und Himbeeren, Bananen, Kiwis und Ananas sind gute Lieferanten von Magnesium. Wer gern Gemüse isst, sollte bei einem Magnesiummangel vermehrt zu grünem Gemüse greifen. Besonders viel Magnesium steckt in Spinat, Grünkohl und Kartoffeln. Fisch enthält nicht nur gesunde Omega-3-Fettsäuren, sondern auch Magnesium.

Aluminium hat im menschlichen Körper keine natürliche Funktion und kann in zu großen Mengen eine Vielzahl von biologischen Prozessen stören. Deshalb gibt es bereits einen Grenzwert, der bei 1 Milligramm Aluminium pro Kilogramm Körpergewicht liegt. Wird Aluminium verzehrt, kann ein großer Teil über den Darm oder die Nieren direkt wieder ausgeschieden werden – vorausgesetzt, man verfügt noch über eine gute Nierenleistung. Kommt Aluminium auf anderem Wege in den Körper – wie das bei Impfungen der Fall ist – oder kann es aufgrund einer Überlastung der Ausleitorgane nicht mehr ausgeschieden werden, wird es an Ort und Stelle gebunden und zum Beispiel im Muskel (der Impfstelle), im Bindegewebe oder auch im Gehirn eingelagert. In hohen Mengen kann Aluminium toxisch wirken: Vor allem sind das Gehirn, die Knochen und das blutbildende System betroffen. Aluminium ist eines der häufigsten

Elemente der Erdkruste und taucht deswegen in gewissen Mengen in fast allen Lebensmitteln auf, besonders in getrockneten Kräutern und Gewürzen.

Um die Geschichte über Metalle und unsere Gesundheit zu beenden, soll noch angemerkt werden, dass es noch nicht ganz klar ist, welche Rolle die Metalle in unserem Körper genau spielen. Unter den Ärzten bestehen Meinungsverschiedenheiten über notwendige Mengen. Da sich Metalle als Spurenelemente in kleinen Mengen im Organismus befinden, können schon kleine Abweichungen – egal, ob ein Mangel oder eine Überschuss – zu schweren gesundheitlichen Folgen führen.

Paracelsus war sich sicher, dass es für jede Krankheit ein Arzneimittel gebe, welches nur gefunden werden müsse. Sein liebster Satz war: „Nur eine Dosis bestimmt, ob der Stoff ein Gift oder Arzneimittel ist." Obwohl die Lehre und die Arzneimittel von Paracelsus schon in seiner Zeit zu den Widersprüchen in der medizinischen Gesellschaft führten, sind seine Wörter noch heute die Basis der Pharmakologie.

Nachwort

Gemeinsam mit Ihnen haben wir eine spannende Reise in die Welt der Metalle unternommen. Metalle sind mit der Geschichte der Menschheit verknüpft, sodass sie im Grunde genommen deren integraler Bestandteil ist: Ohne Metalle ist das Leben des Menschen auch heute unvorstellbar. Es ist klar, dass Wissenschaftler neue Materialien mit neuen Eigenschaften erfinden werden. Trotzdem sind Metalle unverzichtbar. Deswegen ist es um so wichtiger ihre Eigenschaften zu studieren, um neue Legierungen herzustellen und neue Verfahren für deren Bearbeitung zu entwickeln. Ohne Metalle und Metallurgie hat die Menschheit keine Zukunft! In dieser Zukunft, in der Welt der seltsamen Technologien und wunderbaren Materialien werden Sie, unsere jungen Leser und Leserinnen, leben!

Verzeichnis der Abbildungen

Illustration des Covers: Alexandra Gontscharowa

Bei Aufnahmen, die nicht von A. Meyerovich stammen, ist der Nachweis angegeben.

Haftungsausschluss

Urheber- und Kennzeichenrecht

Das Werk, einschließlich seiner Teile, ist urheberrechtlich geschützt. Jede Verwertung ist ohne Zustimmung des Verlages und des Autors unzulässig. Dies gilt insbesondere für die elektronische oder sonstige Vervielfältigung, Übersetzung, Verbreitung und öffentliche Zugänglichmachung.

Der Buchautor ist bestrebt, in allen Publikationen die Urheberrechte der verwendeten Bilder, Grafiken, Tondokumente und Texte zu beachten, von ihm selbst erstellte Bilder, Grafiken, Tondokumente und Texte zu nutzen oder auf lizenzfreie Bilder, Grafiken, Tondokumente und Texte zurückzugreifen.

Keine Abmahnung ohne sich vorher mit mir in Verbindung zu setzen.

Wenn der Inhalt oder die Aufmachung meiner Seiten gegen fremde Rechte Dritter oder gesetzliche Bestimmungen verstößt, so wünscht der Buchautor eine entsprechende Nachricht ohne Kostennote. Er werden die entsprechenden Bilder, Grafiken, Tondokumente und Texte korrigiert oder gelöscht, falls zu Recht beanstandet.

Impressum

Texte: © Copyright by Alexander Meyerovich

Umschlag: © Copyright by Alexandra Gontscharowa

Verlag: Books on Demand GmbH, Norderstedt

Printed in Germany

ISBN 978-3-7557-1640-2

www.bod.de

info@bod.de